KB014400

내일 날씨, 어떻습니까?

ㅎ 07

내일 날씨, 어떻습니까?

기상학자가 들려주는 과학과 세상 이야기

김해동 지음

한티재

들어가는 글

사람은 지구 대기 속에서 살아가는 생물체이다. 인간의 생존과 문명 수준은 주어진 기후환경에 지배를 받는다. 인간의 삶에서 기후의 중요성을 강조한 대표적인 사례로 헌팅턴(E. Huntington, 1876~1947)이 1915년에 펴낸 『문명과 기후』*Civilization and Climate*를 들 수 있다. 헌팅턴은 이 책에서 어떤 지역의 문명은 그 지역의 기후 조건으로 결정된다는 주장(기후결정론)을 했다. 이 기후결정론은 제국주의 국가들이 아시아·아프리카·아메리카 등지에서 식민지를 만들어갈 때에 그들이 다른 국가를 침범하여 지배하는 것이 정당하다는 논리를 세우는 데 이데올로기로 악용되기도 하였다. 좋은 기후환경에서 우수한 문명을 갖게 된 제국주의 국가들이 열악한 기후환경 탓에 문명이 낙후된 지역을 지배하는 것이 당연하다는 논리였다. 당시에 유행했던 다윈의 진화론을 차용하여 문명적으로 뛰어난 종족이 그렇지 못한 종족을 지배하는 것이 자연 법칙에 부합한다는 것이다. 물론 이것은 견강부회의 억지이지만, 기후환경이 인간 활동에 미치는 영향이 크다는 사실 자체는 부인하기 어렵다.

태양 자외선이 도달하지 않는 해양 깊은 곳에서 시작된 지구 생명체는, 성층권 하부에 오존층이 생성되어 자외선이 흡수됨에 따라 더 많은 햇빛의 혜택을 누릴 수 있는 육상으로 진출하였다. 하지만 대기의 상황이 언제나 육상 생물들이 살아가는 데에 적합하도록 온화하게 유지되는 것은 아니다. 오히려 대기 공간은 육상 생물들이 살아가기에 가혹할 때가 많다. 지구의 긴 역사 중에는 빙하기와 온난기(고온기)가 교차로 나타나 지구상의 생물들을 멸종시키기도 했다. 큰 기후변화가 발생할 때면 번성하던 대부분의 생물들은 죽고 원생생물 수준의 생명체들만 살아남았다가 새로운 기후환경에서 살아갈 수 있는 다른 생태계로 변했다.

뿐만 아니라 동일 기후 시대 내에서도 대기는 한발, 집중호우, 폭풍, 폭염 등으로 생물들에게 끊임없이 가혹한 상황을 만든다. 이러한 최근의 사례로 2019년 말에서 2020년 초에 걸쳐 호주에서 폭염과 한발이 원인이 되어 발생한 대형 산불을 들 수 있다. 그 영향으로 많은 생물들이 궤멸 수준의 피해를 입었는데 그곳의 생태계는 어쩌면 영원히 회복되지 못하거나 회복되더라도 수십 년 이상의 시간을 필요로 한다고 한다.

가혹한 기후환경 속에서 생명체들이 살아가는 방법은 두 가지로 나누어 볼 수 있다. 가장 간단한 방법은 그것을 숙명으로 받아들이는 것이다. 이 경우는 기후변화에 관심을 둘 필요가 없다. 숙명을 받아들이고 살다가 종말을 맞으면 된다. 다른 하나는 가혹한 기후환경을 극복하며 살아갈 방법을 적극 찾는 길이다. 이렇게 살아가려면 인간이든 동식물이든 기후 현상에 관심을 기울이고 대책을 강구해야 한다.

예로서 건조한 사막을 서식지로 하는 선인장은 수분 증발을 최대한 방지하기 위해서 딱딱한 껍질로 몸을 감싸고 산다. 날씨 변화를 예측해서 둥지의 높이를 조절하는 방식으로 먹이를 얻고 물난리를 피해 생명을 지키는 거미도 있다. 적정한 기후환경을 벗어나면 동식물들은 멸종을 벗어날 수 없다.

사람들은 어떨까? 인간은 농업, 어업 등 기후에 크게 의존하는 산업에 기대어 살아가기 때문에 다른 동식물보다 기후변화에 관심이 훨씬 높다. 뿐만 아니라 인간은 높은 지능으로 기후변화를 예측하여 대응하고, 나아가 기후를 인위적으로 조절하려는 꿈을 이어가고 있다.

날씨 변화를 미리 알아내어 대처하고자 하는 욕구가 예보 기술의 발달로 나타났다. 한발 더 나아가서 사람들은 자신이 살아가고 있는 곳의 기후를 생활에 최적이 되도록 바꾸려 한다. 비닐하우스를 만들어 제철이 아닌 채소를 먹을 수 있게 된 것도, 겨울에 방한복을 만들어 활동 시간을 늘린 것도 좁은 영역에서 기후 조절에 성공한 사례라고 할 수 있다. 하지만 기상(기후) 조절은 여전히 극히 일부—소규모 영역을 대상으로 하는 인공강우와 안개 제거 정도—를 제외하고는 그다지 성과를 거두지 못하고 있다.

기상조절 시도가 제대로 성공하지 못한 이유는 무엇일까? 그 이유는 크게 두 가지로 볼 수 있다. 첫째는 사람들이 살아가고 있는 실질적인 생활공간에 비해 기상 현상의 규모가 너무 커서 인간이 동원할 수 있는 힘으로 기상 현상을 바꾸기가 불가능하다는 사실에 있다. 우리나라의 미세먼지 농도가 높은 날 항공기로 구름 응결핵을 뿌려서 강수량을 증가시켜 미세먼지를 제거해 보자는 제안이 있었는데, 그걸 실현하려면 광범위한 하늘에 도대체 얼마나 많은 비행기를 동원하고 얼마나 긴 거리를 비행해야 소기의 성과를 거둘 수 있겠는가? 두 번째는 기상 현상에 대한 지식이 부족하여 유효한 대책을 충분하게 세울 수 있는 수준에 도달하지 못했다는 사실이다. 기술 개발이 빠르게 이뤄지는 오늘날에도 여전히 규명되지 못한 기상 현상은 산적해 있다.

그런데 기상학 분야에서 어떤 문제가 미해결 과제로 남아 있느냐고 묻는다면 명쾌하게 답하기가 쉽지 않다. 현재의 지식은 이해하고 있는 일부일 뿐이고, 이해하지 못하는 것들은 그 존재조차 제대로 인식하지 못하기 때문이다. 교과서의 지식은 지금까지 충분히 규명된 지식 체계를 정리해 놓은 것이기에 공부를 할 때에는 그 내용을 이해하면 현상을 전부 알게 되는 것이라는 착각에 빠지기 쉽다.

실제로는 이미 알고 있는 것보다 모르는 부분이 훨씬 많은 법이다. 우리는 아직 제대로 알지 못하는 지구환경 속에서 살아가고 있다는 사실을 알아야 한다. 그래야 자연을 함부로 성급하게 훼손하는 일이 두려운 결과를 유발할 수 있다는 생각을 할 수 있다. 자연을 다 안다고 생각하는 교만한 마음이 4대강 사업, 새만금 간척 사업과 같은 환경 훼손을 가져왔다. 자연은 한번 훼손되면 다시 제자리로 돌아가지 못할 뿐만 아니라 여러 현상들 간에 상승 작용을 일으켜서 오히려 더욱 악화되는 방향으로 치닫는 사례도 많다. 이런 이유로 서구 사회에서는 개발을 위한 환경영향평가와 토론회가 수십 년에 걸쳐서 진행되는 사례도 어렵지 않게 찾아볼 수 있다. 기후변화의 문제에 있어서도 이미 알고 있는 것보다 모르고 있는 내용이 훨씬 많을 것임에 틀림없다.

기상 현상에 대한 이해를 현재 수준까지 끌어올리는 일은 간단하지 않았다. 기상학에 관한 인류 최초의 책은 B.C. 350년경에 만들어진 아리스토텔레스의 『기상』*METEOROS*인데, 대기를 바라보는 철학자의 사변적인 내용에 불과하며 대기의 구조를 과학적으로 인식하여 체계적으로 기술한 것은 아니었다. 우리나라가 자랑하는 조선시대의 측우기나 풍기風旗와 같은 기기를 이용하여 단편적인 기상관측을 수행한 기록은 세계 곳곳에서 발견되고 있다. 하지만 그런 관측은 날씨를 예측해 보고자 한 것이 아니라 단순히 기상 현상을 관측한 것에 불과하다.

기상학이 자연과학으로서 기초가 확립되어 날씨 예보를 꿈꿀 수 있게 된 것은 15세기에 시작된 르네상스 시대부터이다. 르네상스 시대에 실증적으로 자연을 인식하고자 하는 사고 방법이 확립된 이후 예보로 이어질 수 있는 기상학의 체계가 만들어져 갔다.

실증적으로 자연을 인식한다는 것은 다음과 같다. 우선 대기 상태를 관측하고 그 관측 결과가 나오게 된 과정을 논리적으로 설명해 낼 수 있는 이론을 만든다. 이를 반복해 지식을 조금씩 축적해서 대기 구조에 대한 인식을 넓혀 간다. 이러한 사고방식을 따라 갈릴레이가 기체온도계를 발명하고 갈릴레이의 제자였던 토리첼리가 수은기압계를 발명하여 기상관측의 토대를 만들었다. 파스칼은 산 정상과 평지의 기압에 차이가 난다는 사실을 확인하여 기압이라는 것이 기압계 고도에서 하늘 끝까지 단위면적당 쌓여 있는 공기의 무게라는 사실을 발견하였다. 그 후 17세기에서 19세기에 걸쳐서 고전역학(뉴턴 역학), 열역학, 화학이 확립되었고 이들 학문 체제 안에서 기상 현상을 설명하고자 하였으며, 그런 과정에서 근대 기상학이 정립되었다.

오늘날 일기예보에 일기도를 널리 이용하고 있는데, 일기도의 제작은 광범위한 지역에서 동시에 기상을 관측하여 자료를 모아야 가능하다. 전 세계 기상관측소에서는 동일 시각에 기상을 관측하고, 그것을 세계 각국이 공유함으로써 일기도를 제작할 수 있게 되었다. 일기도를 기상학에서는 '종관기상도', 영어로는 synoptic chart라고 부른다. synoptic은 '공관共觀의', '개관槪觀의'라는 의미이다. 즉 synoptic chart란 전 세계에서 같은 시간대에 관측한 기상자료를 나타낸 그림이라는 의미이다.

우리나라에는 1905년에 그려진 일기도가 남아 있다. 동아시아에 기상관측 지점이 몇 군데 없던 시절이라 고·저기압의 위치조차도 파악이 안 되는 조잡한 수준의 일기도이다. 1970년대까지도 지상일기도를 작성하려고 하면 기상관측 지점이 많지 않아서 숙달된 예보관이 아니면 지상의 고·저기압을 제대로 파악하기 힘들었고, 그러한 이유로 일기예보의 정확도도 오늘날에 비하면 현저히 낮았다. 그럼에도 일기예보는 이뤄졌다. 그때는 광범위한 영역에 걸쳐 대기구조를 제대로 파악하여 예보를 한 것이 아니라 하늘의 구름 모양과 풍향의 변화 등을 참고로 단기간의 예보를 하였다. 숙달된 예보관들은 하늘의 구름 모양과 풍향이 변하는 정보만으로도 한나절 정도의 날씨 변화는 웬만큼 예보할 수 있다. 그래서 과거에는 기상청을 하늘의 상황을 살핀다는 의미를 가진 '관상대'라고 불렀다. '기상학의 조부'라고 불리는 노르웨이의 비야크네스 학파는 좁은 범위 내에서 하늘의 변화를 관측하여 예보를 시도했는데, 그런 방식의 일기예보가 전형적인 '관상대' 유형이었다.

일기예보를 위해서는 광범위한 지역의 기상 상황을 동시에 파악하여 정보를 공유할 수 있어야 하므로 기상학의 발전에는 통신기술의 발전과 국제 협력이 뒷받침되어야 한다.

실제로 기상학의 발전은 관측 자료를 빠르게 송수신할 수 있게 만들어준 전보 기술 등의 통신기술의 발달과 보조를 함께 하였다. 이런 이유로 국가기관들 중에서 통신망이 가장 잘 갖춰진 곳이 관상대였다. 기상 업무와 무관한 지진 감시를 오랜 옛날부터 기상청이 맡아 오고 있는 이유도 지진 발생 정보를 국민들에게 가장 빠르게 전달할 수 있는 통신망을 기상청이 갖추고 있었기 때문이다.

이 책은 자연과학으로서의 기상학이 만들어지고 오늘날의 일기예보가 가능하게 되기까지 기여한 위대한 과학자들의 삶을 좇아가면서 기상과 기후 현상의 원리를 이야기하고자 한다. 온도계와 기압계를 고안하여 기상 변화를 실증적으로 관측할 수 있도록 기반을 다진 갈릴레이와 토리첼리로부터 시작하여, 최근 일기예보의 중심 역할을 하고 있는 수치예보의 길을 연 차니에 이르기까지 위대한 기상학자들의 삶과 연구 성과를 시대에 따라서 소개한다.

잭 리드Jack Reed는 일기예보의 역사를 경험적 시대(1860~1920), 과도기적 시대(1920~1950), 과학적 시대(1950년 이후)로 분류한 바 있다.* 경험적 시대에는 날씨 변화가 기압의 변

* 松本誠一,『新総観気象学』, 東京堂出版, 1989.

화에 수반된다는 걸 알아냈고, 일기도를 제작하는 단계로까지 발전하여 저기압의 존재를 파악할 수 있게 되었다. 이때 일기예보의 원리는 크게 두 가지였다. 기상 상황은 서쪽에서 동쪽으로 이동해 간다는 것, 기상 상황은 기압 배치와 관계가 있다는 것이었다. 과도기적 시대는 종관기상학이 꽃을 피운 시기라고 말할 수 있다. 컴퓨터의 등장으로 수치예보가 도래하기까지 기상학 이론을 공고히 한 시기였다. 이 시기를 대표하는 기상학 지식은 비야크네스가 제안한 이동성 저기압모형(저기압 파동론)이다. 과학적 시대는 차니가 수치예보의 길을 뚫고 세계 각국에서 수치예보를 일기예보의 근간으로 만들어간 시대를 말한다.

이 책은 리드의 분류를 따라서 제1장은 일기예보의 경험적 시대, 제2장은 과도기적 시대, 제3장은 과학적 시대의 이야기로 구성하였다. 마지막 제4장은 지구온난화의 심화로 나타난 기후위기의 문제와 그러한 현상을 제대로 알지 못한 채로 살아가게 되는 이유를 다루었다. 자연현상은 여러 요인들이 상호작용하여 만들어지기 때문에 그것을 올바르게 인식한다는 사실이 간단하지 않다. 또 정치적 이유, 사익 추구의 이유로 과학자들이 진실을 왜곡하기도 하는데, 이것이 일반인들이 자연현상을 사실대로 인식하기 어렵게 만든다.

그러한 사례들을 소개하였다.

또한 이 책에서는 기상학 발전에 전환점을 가져온 위대한 기상학자들의 삶과 업적을 소개하였는데, 그들의 삶을 통하여 바람직한 삶의 태도가 무엇인지 독자들과 함께 생각해 보고 싶었다. 본론에 들어가기 전에, 초등학교 시절부터 기상학 박사과정을 마치고 기상청에 연구관으로 입사하기까지 내가 만났던 사람들과의 사연을 소개한 이유는 그 사연들이 본문에서 만나게 될 과학자들의 삶의 태도를 이해하는 데에 도움이 되리라 생각하였기 때문이다. 이 책을 통해 기상학의 발전을 이룩한 위대한 과학자들과 가까워지고, 우리 주변에서 경험할 수 있는 기상과 기후 현상을 친근하고 쉽게 이해할 수 있는 계기가 되면 좋겠다.

이 책을 고교 지구과학을 공부하는 학생들이 읽는다면 교과서 속의 기상학의 핵심 내용을 보다 쉽고도 깊게 이해하는 데에 도움이 될 것으로 생각한다. 책에서 소개한 기상학 지식은 고교 지구과학 기상학 부분의 교육과정 범위를 벗어나지 않았다. 이 책의 본문 중 여러 단락들은 비문학 국어 문제로 출제되기도 하였다. 글을 꼼꼼히 읽는다면 비문학 국어 공부에도 소용이 될 것으로 기대한다. 대중서로 기술하였기에 일반 독자들의 어려움을 덜어 주고자 다소 딱딱하게 여겨질 수 있는 내용은 부록으로 실었다. 고교 시절에 배웠던 지식이 생각나지 않는 분들도 본문을 꼼꼼하게 읽어 보면 부록의 내용을 이해할 수 있다(비문학 국어 수준으로 기술하였다). 지구과학을 공부하고 있는 고교생들이라면 부록도 꼭 읽어 보기를 권하고 싶다.

전 세계적으로 기후위기의 문제가 시대적 과제로 대두되어 있다. 기후위기는 인간을 포함한 지구상의 생태계가 절멸로 갈 수도 있는 절실한 문제이다. 또한 긴 호흡으로 노력해 가야 할 문제이다. 긴 호흡을 가지려면 문제의 본질에 대한 이해가 전제되어야 한다. 이 책이 기후위기 문제의 본질을 이해하는 데 도움을 줄 수 있으리라 기대한다.

2021년 6월

김해동

차례

제4장 지구 기후위기와 기후공학

부록

기상학자의 길을 걷기까지

1.

1970년에 경상북도 상주에 소재한 국민학교(초등학교)에 입학하였다. 당시에는 애국심 고취를 목적으로 고전 읽기가 매우 장려되었다. 고전 읽기라고는 했지만 과거 국난 극복에 공이 큰 위인들의 전기를 숙독하는 일이었다. 독후감 쓰기, 대상 서적의 내용을 묻는 필기시험, 감명 깊은 내용으로 붓글씨 쓰기 등등 연중 많은 대회가 있었다. 나는 영웅담 자체도 재미있었고, 각종 대회에서 상을 많이 받는 게 좋았다. 하지만 1979년 박정희 대통령의 사망으로 막을 내렸다는 사실에서 알 수 있듯이 그것은 정부가 어린이들에게 해서는 안 될 일이었다.

국가가 학생을 대상으로 '개인의 삶의 가치는 국가에 충성하는 것에 있다'는 것을 각인시키는 사상교육의 일환이었다는 사실을 알아차린 건 먼 훗날이 되어서였다. 이를 분명하게 알아차린 계기 중 하나는 일본의 세계적 조각가 호리우치 마사카즈堀内正和의 글이었다.

1988년 5월 20일자 『아사히신문』朝日新聞에 게재한 수필에서 호리우치는 자신이 살아온 삶을 이렇게 읊고 있다.

무엇이든 해낼 수 있는 능력을 갖추고 있기는 하지만 아무것도 하지 않는 인간,
그저 먼 바다의 출렁이는 파도에 몸을 맡겨
두둥실 유유자적하는 인간으로 살고 싶다는 생각이 평생 끊이지 않았다.
왜 이런 상념이 끊이지 않았는지를 당시엔 분명하게 인식하지 못하였지만
훗날 나이 들어 생각해 보니 세상이 온통 국가와 사회에 필요한 사람만을 요구하였고
주위 사람들은 모두가 그것이 당연하다는 듯이 받아들이고 있었다.
그렇게 함몰되어 가고 있는 현실에 대한 반작용이었다.
미술을 하는 나 같은 예술가들에게조차 국가와 사회에 기여하는 사람이 되라고 요구하였기에
오히려 나는 점차 사회에 쓸모없는 인간이 되고 싶었고 그런 길

을 찾아 헤맸다.

사회의 전면에 나서는 일 없이, 주연이 아니라 관객으로 살아가는 길을 가기를 원하였다.

나라고 하는 인간은 근본적으로 이런 인간이었다.

제2차세계대전을 전후로 몰아친 일본의 군국주의는 개인의 가치를 '국가경쟁력 강화에 얼마나 도움이 되는가'를 잣대로 판단하였고, 그 기준을 모든 국민들에게 강요했다. 개인의 활동은 국력 강화에 도움이 되어야만 가치가 있고 그렇지 못하면 생존 가치조차 인정받지 못했다. 제2차세계대전 중에 일본에서는 여성은 남성보다 육체노동을 적게 하므로 음식을 남성보다 30퍼센트 이상 적게 먹으라는 칙령이 내려졌고 그것을 실천했다는 말도 유학 시절에 전해 들었다.

호리우치는 그런 가치관에 동의할 수 없었다. 인간은 그 자체로 존귀한 존재이지 사회에 쓸모가 있어야 가치가 있는 게 아니라고 생각했던 것이다. 그는 군국주의적 사회 풍조가 싫어서 일부러 사회에 소용이 안 되는 일만 찾아 유유자적하며 살았다. 그렇게 산 덕분에 세계적인 조각가로 우뚝 설 수 있었다니 세상사는 참 아이러니하다.

고전 읽기를 통해서 어린 학생들에게까지 국가 발전에 소용 있는 사람이 되어야 한다는 가치관을 심으려 한 당시 박정희 정권의 의도는 일본 군국주의자들의 그것과 판박이였던 셈이다. 정권의 정치적 의도를 아동에게 강요하는 이런 행태의 교육은 유엔 아동권리헌장의 정신에도 위배되는 행위이다. 이런 세뇌 교육은 동물을 대상으로 하는 서커스 훈련과 다를 바가 없다고 생각한다.

유학 생활을 하면서 더욱 호리우치의 생각에 동의하는 사람으로 변해 갔지만, 그 이전까지는 고전 읽기의 영향을 많이 받은 탓에 나는 사회에 아주 유용한 사람이 되고 싶었다. 어려서부터 사범대학에 진학하여 교사가 되고 싶다고 생각했다. 교사가 되어 사회에 유용한 인재를 많이 육성하는 것으로 국가에 충성하는 역할을 다하고 싶었다. 역사 교사가 되어 학생들에게 애국심을 고취해 주고 싶었다.

그런데 고등학교 2학년 때에 역사 교사 지망에서 이과 교사 지망으로 생각을 바꿨다. 역사의식이 투철한 학생보다 국가 부흥에 실제로 기여할 수 있는 과학기술자가 우리 사회에 더 소용이 있겠다는 생각이 들었기 때문이었다.

국·영·수에 탐구과목으로 입시 교과목이 단출해진 지금이라면 갑자기 문과에서 이과로 진로를 바꾸어 국립 사범대학에 진학한다는 것은 거의 불가능하겠지만, 당시 학력고사는 예체능을 포함한 모든 교과목이 대상이었기에 문과 교과의 성적에 힘입어서 사범대학의 이과 계열로 입학할 수 있었다. 그때는 지방 국립대학의 경쟁력이 높았었고 사범대는 약학대와 더불어 가장 경쟁이 심한 분야였다. 문과 지망으로 있다가 갑자기 이과로 바꾼 탓에 물리, 화학, 생명, 지구과학 중에서 그나마 공부하기 만만해 보이는 것이 지구과학이었다. 그래서 지구과학을 선택하였다.

2.

대학 시절, 학교는 부산의 동쪽 끝에 집은 서쪽 끝에 있었다. 왕복 세 시간 정도가 걸렸다. 졸업정원제 세대라 항상 도서관이 만원이었기에 도서관에 자리를 잡는 것은 거의 불가능하였다. 빈 강의실에서 책을 볼 수밖에 없었다. 이를 눈여겨본 기상학 전공 교수님이 연구실에 입실하여 공부를 해보라고 권유하셨다. 학력고사 성적이 좋았고 사범대학에 귀한 남학생이었기에 받은 호의였을 것이다.

연구실에 자리를 잡은 탓에 공부를 열심히 해야만 했다. 경제 사정이 어려워서 장학금을 받아야 한다는 절박감도 있었다. 고향인 경북 상주를 떠나서 형님 댁에서 지냈기에 매일 저녁 집에 들어가기도 마음이 편치 않았다. 학교의 실험 준비실에서 숙식을 해결하며 살았다. 모포 이불에 기대어 사계절을 지냈다. 일주일에 한 번 집에 들러서 밑반찬을 얻어왔다. 코펠로 간단히 밥을 하고 일주일에 라면 열 개로 끼니를 해결하는 생활이었다.

기상학 연구실은 두 개의 공간을 사용했는데 여러 명의 석사 과정 학생들이 한 공간을 사용했고, 나는 박사 과정 선배들과 같은 연구 공간을 사용했다. 남자 선배들은 공군 기상장교를 마치고 대학원에 진학한 대략 10년 이상의 선배들이었다. 바깥에 직장을 가진 채로 대학원을 다닌 여자 선배들도 몇 분 있었다.

그 연구실에서 7년을 보냈는데, 매일 아침 일찍 일어나서 식사를 한 후 창문을 열어 환기를 시키고 깨끗이 청소를 했다. 그 긴 시간 동안에 지도 교수님이나 연구실 선배들에게 한 번도 핀잔을 듣지 않았다. 당시엔 연구실 난방용으로 석유난로를 사용했는데 아껴서 사용해야 겨우 맞출 수 있는 수준으로 석유가 보급되었다. 그래서 날이 추운 한겨울에도, 연구실 선배들과 함께 생활하는 시간이 아닌 심야 시간은 난로를 끈 채로 춥게 지냈다.

대학을 마치고 발령을 받아 교사 생활을 하고 싶었다. 실험준비실에서 손수 지은 밥과 김치, 라면이라는 최하 수준의 식생활과 거친 잠자리로 이어가는 나날이 몹시 싫었다. 어려서부터의 꿈도 교사였기에 교수나 연구자가 되는 건 상상도 해 보지 않은 일이었다. 대학원 입시를 앞두고 이를 연구실 선배에게 말했더니 펄쩍 뛰었다. 대학원 진학을 하지 않으면 자신을 포함하여 대학원생들이 지도 교수의 호통을 버텨낼 수가 없다며 극구 만류하였다. 어쩔 수 없이 대학원 진학을 해야만 했다. 이왕 대학원 진학을 한다면 빨리 학위를 마치고 모교의 교수가 되어 교사들에게 도움이 되는 길을 가자는 생각을 했다.

3.

당시 우리나라 대학의 기상학은, 서울에 가야 기상역학, 수치예보와 같은 현대적 기상학 공부를 할 수 있는 단계였다. 부산에서 4일을 머물고 3일은 서울에서 대학원 강의를 들었다. 부산에서 수업을 소화하고 서울에서 배워온 내용을 다른 대학원생들에게 전수를 해주어야 했다. 대학원 등록금 지원을 받기 위해서 조교로서 학부생 수업도 많이 맡았다.

또 경비 마련을 위해서 고등학생들에게 수학을 가르치는 과외를 두 군데 했다. 항상 마지막 열차나 고속버스를 타고

서울에 가서 서울대와 연세대의 대학원 강의를 들었다. 당시 부산대에서는 서울의 교수들을 시간강사로 위촉한 후 학생들이 서울에 가서 강의를 듣고 학점을 받도록 했다. 나는 서울에서도 재수생 과외를 하여 경비 조달을 했다. 조실부모했기에 학비를 스스로 벌어야 했다.

그 힘겨운 일정 탓에 대학원 석사를 마쳤을 때에는 허리디스크가 악화되어 일상생활도 불편할 지경이 되어 있었다. 이 병으로 군 면제를 받았다. 해외로 유학을 가서 공부를 해내려면 거쳐야 할 과정이라 여기고 힘겹게 인내하며 살았던 대가였다.

서울대와 연세대 대학원에서 수강한 교과목은 몹시 어려웠다. 대학 과정에서 일반기상학 수준의 공부밖에 하지 못했고 수학과 물리학 공부가 턱없이 부족했다. 평생 처음으로 독서실에 박혀서 관련 공부를 했다. 석사 두 번째 학기 때에 연세대에서 지구유체역학 강의를 들었을 때의 일이다. 불같은 성격의 교수님이었는데 학생들을 불러내서 칠판에 문제를 풀도록 요구하기도 하셨다. 내 차례가 왔을 때에 수학적으로는 문제를 풀었는데, 그 물리학적 의미를 제대로 설명하지 못했다. 매주 서울과 부산을 오가는 성의는 대단하지만 기상학에 재능이 있는지를 다시 생각해 보라는 심한 핀잔을 들었다. 나는 그 모욕을 되씹어가면서 더 열심히 했다. 그다음 학기에 기말시험을 치르고 나서 그 교수님에게 공개적으로 큰 칭찬을 들을 수 있었다. 그동안 보아온 답안지 중에서 최고로 마음에 드는 것이라고 하셨다. 전쟁을 치르듯이 산 석사 과정이었다.

석사 과정 마지막 해 여름 방학에는 장맛비가 억수같이 내렸다. 아무도 학교에 나오지 않는 휴가 기간에 연구실에서 숙식을 하며 시간을 보내고 있었는데 마음이 몹시 허전해졌다. 맨몸으로 운동장으로 나가서 장대 같은 빗속에 몸을 맡겨보았다. 목이 말라 입을 벌려 빗물을 마셔보기도 했다. 밀려오는 갈증에 가슴이 갑갑할 뿐이었다. 그 답답한 생활을 언제 어떻게 끝낼 수 있을지도 모르겠고 살아가야 할 앞날이 막막하기만 했다.

그렇게 힘들게 석사 과정을 마쳤지만 미국에서 안식년을 보내고 돌아온 지도 교수와 깊은 갈등이 불거져 계속 공부를 이어가기 어려웠다. 7년의 연구실 생활 동안에 지도 교수로부터 한 번의 작은 핀잔도 들어본 적이 없었기에 드러난 갈등은 없었지만, 인생관이 너무도 달랐던 그분의 뒤를 따르는 건 한계였다.

지도 교수와 날카롭게 맞서는 나의 나날을 불안하게 지켜

보던 선배의 알선으로 1988년 가을 학기에 중학교 교단에 설 수 있었다. 여자중학교에서 과학, 국어, 한문 등 여러 교과를 가르쳤는데 흥미가 있었다. 과학만으로는 책임 시수가 차지 않아서 국어, 한문 등의 교과목도 같이 가르쳤다. 고교 시절 문과 지망생이었기에 어렵잖게 소화할 수 있었다.

그런데 교단에 선 지 두어 달이 지난 어느 날 오후 과학 수업에 들어가서 판서를 하려는데 주체할 수 없이 눈물이 흘렀다. 수업을 이어갈 수가 없었다. 그렇게 오랜 시간 힘들게 살았는데 지도 교수와의 갈등이라는 타의로 공부를 그만두고 교사의 길을 간다는 걸 내 자신이 받아들이지 못하고 있음을 깨달았다. 스스로 납득이 안 된 상태로 체념하고 교사의 길을 가는 건 도망가는 삶이라는 생각을 했고, 나는 그런 마음으로 살아갈 수 없는 사람이라는 걸 깨달았다. 하고자 했던 일은 꼭 하고야 마는 고집이 있었는데 그런 천성을 어쩔 수 없었던 것 같다. 곧 석사 과정 수업 시간에 나에게 많은 호감을 보여주신 부산수산대학 교수님을 찾아서 상의를 드렸고, 그분의 도움으로 1989년 10월 도쿄대학으로 유학을 갈 수 있었다.

유학을 가기 전에 주변의 강권으로 부산대학교의 지도 교수님을 찾아 인사를 드렸다. 그분은 환하게 웃는 얼굴로 나를 맞으며 도쿄대학으로의 유학을 보류하고 그분이 새로 만든 대기과학과의 조교 생활을 하면서 미국 유학을 준비하라고 권유하셨다. 대기과학과를 네가 맡아야 되지 않느냐고 하셨다.

"말씀은 감사하지만 교수님과 제 사이는 이미 엎어진 물입니다. 그 물은 흙탕물입니다. 그 물을 다시 담아서 어디에 쓰겠습니까? 그동안의 은혜에 감사드립니다" 하고 인사를 드리고 나왔다. 돌아서 나오면서 엄청난 욕설을 들었다. 그런 욕설을 들으면서도 화가 나지도 마음이 아프지도 않았다. 그런 것으로 상처 받을 마음의 여유가 남아 있지 않았다. 유학을 가서 어떻게든 생존해야 한다는 절박함뿐이었다.

4.

유학 전에 친구와 선배들을 만나 진로에 대해서 재차 상의를 했는데 나의 사정을 아는 그들은 모두 말렸다. 유학할 형편도 안 되는데 왜 그렇게 무모한 길을 가려 드냐는 것이었다. 그게 상식적인 충고였다고 생각한다. 사실 막막한 심정이었다. 일본어 준비도 부족했고, 유학에 필요한 경비를 마련할 대책도 없는 무모한 도전이었다. 한번 도전해 보고 안 되면 내 능력 탓으로 알고 돌아와서 교직의 길을 가자고 자신을 달래며 비행기에 올랐다.

꿈에 부푼 유학길이 아니라 중도 포기를 생각하며 오른 눈물의 유학길이었다. 입학시험을 치를 때까지 겨우 버틸 수 있을 정도의 돈이 전부였다. 연구실에서 인연을 맺었던 선배들과 친형제들이 갹출해서 모아준 돈이었다. 유학 생활 내내 그분들은 경제적 도움과 격려를 줬다. 훗날 도쿄대학의 지도 교수였던 기무라 교수님이 처음 만났을 때의 나의 인상에 대해서 어떻게 그런 상태로 공부를 하러 왔는지 황당하기만 했다고 말씀하셨다.

일본에서는 신주쿠 부근에서 다다미 네 장 반짜리 방(약 1.5평)에서 5년을 살았다. 주변엔 연금으로 살아가는 독거노인들이 살고 있었다. 여섯 가구당 화장실은 하나였다. 세탁과 샤워는 학교에서 해결하며 살았다. 생활에 필요한 모든 도구는 유학생들을 돕기 위해 중고 물품을 모아서 전달해 주는 기관에서 얻었다. 약 5년간의 유학 생활 동안에 구매한 생활 도구는 하나도 없었다. 도쿄에서의 생활비는 모든 비용을 합쳐서 월 6만 엔 이내였기에 그야말로 최소한의 생활이었다. (당시 도쿄의 물가지수는 뉴욕의 두 배 수준이었다. 6만 엔은 현재 화폐 단위로 60만 원 정도인데 당시에는 30만 원이 채 안 되는 돈이었다. 그 돈이 월세와 공과금을 포함한 모든 생활비였다. 다른 유학생들의 경우 아껴 살아도 이보다 두세 배 이상은 지출하였던 것으로 기억한다.)

일본에서 학위를 받아 귀국할 수 있었던 것은 오로지 좋은 지도 교수님을 만난 덕분이었다고 생각한다. 한국에서 겪었던 교수들과는 인품도 학식도 전혀 다른 분이셨다. 언제나 삶을 되돌아보게 하는 거울 같은 분이다.

과학기술 분야에는 두 가지 큰 사조가 있다. 하나는 르네상스 이래 1940년대까지 대세를 이루었던 과학낭만주의이다. 과학기술 연구를 연구비나 논문 실적에 구애받지 않고 (실제로는 이것을 멀리하면서) 자신의 흥미에 심취하는 부류이다. 이들은 자신의 분야에 한정되지 않고 인문학적 소양도 뛰어나 흥미로운 저서도 많이 남겼다.

또 다른 부류는 1950년대 이래 대세를 이룬 과학만능주의이다. 이들은 1960년대에 달 착륙 등 기념비적인 과학기술 업적을 달성하면서 최고조에 이르렀다. 이들은 문제를 인식하고 연구비를 투입하면 무엇이든 해결해낼 수 있다고 생각한다. 그래서 이들을 '노프라블럼no problem주의자'라고 부르기도 한다. 이들은 자신의 분야에서 문제해결형 연구를 하여 논문을 내고 전문 도서도 내지만, 인문학적 고민을 하고 그에 관련된 책을 낸다든가 사회적 발언에 나선다든가 하는 일은 거의 하지 않는다.

우리나라 과학기술 학도들이 미국에 유학해 학위를 받고 온 것은 대부분 1970년대 이후이다. 그러니 우리나라의 과학기술자들은 대부분 과학만능주의 사조를 배워온 것으로 생각할 수 있다. 우리나라에서 과학기술자들을 기술밖에 모르는 사람들이라고 비하하는 말을 들을 수 있는데, 그것은 이런 시대적 상황과 관련이 있다고 생각한다.

유학 시절 도쿄대학에는 교과서에서 중요하게 언급되는 세계적인 기상학자, 해양물리학자들이 많았다. 그중에서도 마쓰노 교수*가 제일 유명한 분이었다. 이분은, 겨울철 지독한 한파와 관련해서 우리나라 언론에서도 종종 언급되는 성층권 돌연승온의 원리를 지금으로부터 50여 년 전에 밝혔으며 수치모델 발전에도 기여가 큰 분이다.

도쿄대학 대학원에 입학을 하고 신입생 환영회 시간에 그분이 한 이야기 중에서 기억에 남아 있는 게 두 가지 있다. 첫째는, 자신은 일본 기상학회지의 논문은 물론이고 세계 기상학 역사상 출판된 유명 국제저널지의 논문을 전부 읽었고 기억하고 있다고 했다. 그러니 연구 주제를 정할 때에나 어떤 계기로든 선행 기상학 연구 논문이 궁금하면 언제든지

* 마쓰노 타로(松野太郞, 1934~)

자신을 찾으라고 했다. 정부 자문이 많아서 학교에 늦게 나오는 일은 다반사이지만 몸이 아프지 않는 한 매일 밤 10시까지 연구실을 지키므로 언제든 찾아오라고 했다.

두 번째는, 학교에 오면 저녁을 먹기 전까지는 개인 공부를 하지 말라는 것이었다. 자신의 공부는 저녁을 먹고 나서 밤늦게까지 하고, 낮에는 밤에 공부한 내용으로 서로 토론을 하라고 했다. 그래야 혼자서 공부한 것보다 훨씬 많은 지식을 얻을 수 있고 지식의 객관성을 키울 수 있다는 것이었다. 30년 전에 들었던 얘기이지만 항상 새기는 말씀이다.

이분이 1995년에 기상학회장으로 취임하면서 남긴 취임사가 기상학회지에 게재되어 있는데, 그 취임사에도 기후학에서의 과학낭만주의자와 과학만능주의자들 간의 갈등에 대한 언급이 나온다. 그 부분을 잠깐 소개하면 다음과 같다.

최근 도쿄대학교 총장인 요시카와 히로유키吉川弘之 씨는 돌연히 '인공물 공학'을 제창하고 있는데 (참으로 공학자답게) 학문은 원래 인간이 일상생활에서 겪게 되는 곤란함의 원인을 제거하려는 호기심에서 생겨났다고 주장한다. 그러한 노력을 해 가는 과정에서 자연에 대한 지적 호기심이 쌓여서 학문이 생겼다고 한다. 지구환경과학에 대해서 요시카와 선생과 토론할 기회가 있어서 연구자 유형의 문제로 내가 겪고 있는 어려움에 대해서 얘기를 꺼냈다.

지금까지 지구과학자는 지구에 대한 흥미로 연구를 해 왔기 때문에 그 가치 기준을 사회적 중요성이 아니라 자연의 미스터리를 이해해 보고자 하는 마음, 소위 말하는 과학적 낭만의 추구에 두었다. 그와 달리, 현재 연구의 중요도를 판단하는 기준은 사회적 유용성에 두고 있다. 따라서 중요한 사회적 문제를 해결하고자 하는 실용적 연구 과제에 투자가 집중되고 있는데 그것은 지구과학자들의 흥미를 유발하지 못한다(오히려 반발을 불러온다)는 문제가 있다.

예전에 원자력 기술개발에 힘을 쏟았던 나카소네中曾根 과학기술청 장관이 "빈둥대고 있는 과학자들을 현찰로 끌어내겠다"고 발언한 바 있는데, 지금 지구과학분야에서는 낭만을 추구하던 연구자들이 현찰 때문에 울고 있는 상황이라고 말했다.

이에 대해서 요시카와 선생은 "현찰의 연구를 낭만의 연구로 바꿀 수 있는 것이 진짜 연구자가 아닐까요?"라고 답했다.

지구온난화 문제의 연구에 있어서도 이 말은 유효하다고 생각하는데 여러분은 어떻게 생각하는가?

(松野太郎, 『天氣』 42(1995), pp. 3~4)

이것이 마쓰노 교수가 과학낭만주의를 지향하는 일본 기상학계의 연구자들에게 던진 취임사의 맺음말이었다. 오늘날 과학자들이 '현찰'을 외면한 채 살아가기가 힘들어진 것은 부인할 수 없는 현실이고, 이런 시대적 상황이 권력과 돈을 쫓는 과학자들을 양산하는 배경이라고 생각한다. 요즘 우리나라 대학에선 교수들이 일정 규모 이상의 연구비 수주 실적을 올려야 승진이 되고, 연구비 수주 액수를 연구 논문으로 환산해 주는 대학도 적지 않다. 이런 행태는 대학이 대학이기를 스스로 부정하는 악폐와 다름이 없다.

내 박사 학위증에는 이 요시카와 총장의 직인이 찍혀 있다.

5.

나의 지도 교수였던 기무라 교수님*은 과학낭만주의자로 분류될 수 있는 분이다. 그분이 낸 『흐름의 과학』流れの科学, 『흐름을 가늠해 본다』流れをはかる, 『자연을 꿰뚫어 보는 일곱 가지 이야기』自然をつかむ7話 같은 책들은 자연의 법칙에서 삶의 문제를 끌어내는데, 대중적인 과학 도서로 오랜 인기를 얻고 있다. 기무라 교수님은 기후와 해양에 관한 칼럼 기

* 기무라 류지(木村龍治, 1941~)

고와 방송 활동을 활발히 하셨다. 학회에 가도 맨 앞줄에 앉아 있다가 주제를 불문하고 여러 대학에서 온 대학원생들이 논문 발표를 마치면 질문의 형식을 빌려서 관중들이 이해가 되도록 쉽게 설명해 주는 분이었다. 일본 전국에서 'good teacher'라고 불린 타고난 선생님이었다.

대학원 박사 과정에 입학하고 곧바로 생활비를 겨우 감당할 수 있을 정도의 장학금을 받을 수 있었고 입학금과 등록금은 면제를 받았다. 기적처럼 유학 생활을 이어갈 수 있었다. 일본에서는 장학금을 신청하거나 등록금 면제 신청을 할 때, 방을 계약할 때 등 거의 모든 일에 지도 교수의 신원보증이 필요했다. 유학생들은 그럴 때마다 어려움을 겪는 경우가 많았다. 그런데 기무라 교수님은 자신의 도장이 있는 곳을 알려 주면서 필요하면 그냥 사용하라고 하셨다. 지도 교수 추천서라도 부탁드리면 언제나 웃는 얼굴로 에세이라도 쓰듯이 성의껏 적어 주셨다. 집에서 사용하던 에어컨을 내가 기거하던 방으로 가져와 직접 설치해 주시기도 했다. 명절마다 나를 집으로 초대해서 푸짐한 음식을 대접해 주시고 일상에서도 자상한 말씀을 많이 해 주셨다.

기무라 교수님 댁에는 사모님이 부엌에서 일하기에 편리한 시설이 잘 갖춰져 있었다. 한번은 석사 과정 여학생 한 명이, 이렇게 편리한 시설이 모두 갖춰 있는 것보다는 좀 불편을 감수하면서 일을 할 때에 애정을 더 느낄 수 있지 않느냐고 여쭤 본 적이 있었다. 이에 대해 교수님은 "애정 표현은 다른 방식으로 하면 된다. 굳이 어렵게 일을 하는 방식으로 애정을 표현할 필요가 없다"면서 웃으셨다.

입학을 하고선 지도 교수님과 박사 논문 주제를 상의했다. 희망하는 연구 주제를 물으시기에, 대기대순환 모델을 이용하여 지구온난화의 전망을 다루든가 일본기상청의 수치예보모델을 이용하여 이상기상 문제를 다뤄 보고 싶다고 말씀드렸다. 실용성이 높고 논문도 많이 나올 수 있는 주제였기에 유학 이후 귀국을 하면 안전하게 직업을 찾을 수 있겠다는 세속적인 이유에서였다.

그러자 교수님은 그런 대형 모델을 이용해서 논문을 쓴다면 그 과정에서 새로운 과학적 메커니즘을 찾을 수 없다면서 그런 것은 졸업 후에 취업해서 할 일이라고 말씀하셨다. 그러면서 그분은 목성에 존재하는 먼지 띠의 생성 원인을 찾는 것으로 하면 좋겠다는 제안을 하셨다. 유체 실험과 컴퓨터 수치모델을 함께 적용해서 작업을 해 보자는 제안을 하셨다.

그것은 흥미로운 주제이지만 현장 적용형 논문을 요구하

는 우리나라의 학문 풍토를 고려해볼 때 그런 행성 기상학을 주제로 논문을 쓴다는 건 취업에 너무 불리해 보였다. 그래서 결정을 미룬 채로 잠시 귀국하여 석사 과정에서 배움을 받았던 서울의 교수님들을 뵙고 상의를 드렸다. 역시 예상대로 모두가 목성 띠 문제는 흥미로운 주제이지만 한국에서 직업을 얻는 데에는 어려움이 많을 거라고 충고를 했다. 목성 띠 형성의 이해는 실제 지구에서 이상기상을 만드는 거대한 소용돌이 현상을 다루는 지식을 익히고도 남을 정도로 폭넓은 주제이지만, 우리나라에서 공채를 할 때에는 연구자가 어떤 일을 할 수 있느냐는 가능성을 관점으로 평가하지 않는다는 현실을 감안하여야 했다.

다시 일본으로 돌아가서 이런 사정을 말씀드렸다. 기무라 교수님은 수긍하면서 이런 말씀을 덧붙였다.

> 어떤 주제든 자연현상에 숨어 있는 새로운 메커니즘을 논리적으로 설명만 할 수 있다면 박사 학위 논문으로 인정할 수 있다. 그 연구 주제가 기상학이 아니라 어떤 학문 영역이라도 상관없다. 우리가 기상학을 공부하는 이유는 일기예보 정확도를 높이는 일을 하려는 데에 있는 게 아니라 기상 현상의 원리(자연의 원리)를 아는 것에 있다.

비가 오든 말든 사람들은 정해진 일을 하게 되어 있다. 가방에 우산을 하나 넣어 다니면 일기예보를 듣지 않아도 된다. 또 대기대순환 모델을 이용하여 지구온난화 전망을 다각도로 한다고 한들 그것을 산출하는 방식은 눈으로 볼 수 없는 컴퓨터 계산 과정에서 나오는 것이라 새로운 메커니즘을 찾아내는 것과는 상관이 없다. 학위 논문은 새로운 메커니즘을 찾아서 이해하는 것이어야 한다.

이런 사고방식은 과학을 낭만으로 하는 분이기에 나올 수 있는 것이었으리라!

결국 박사 학위 논문 주제는 북극권 기상을 이해하는 내용으로 정했다. 당시에 캐나다 토론토대학과 일본 도쿄대학 간에 북극권 기상 공동 연구 프로젝트가 있었는데, 그 사업의 일환이었다. 겨울철에 시베리아기단이 확장하여 차가운 공기가 적도 부근까지 내려갈 때에 해상에서 발생하는 대류운동의 발달 과정과, 초여름에 오호츠크해에서 기단이 발달하여 그곳으로부터 공기가 남쪽 해상으로 불어 나갈 때에 생성되는 해상 안개의 발달 과정에 숨어 있는 메커니즘을 수치모델로 찾는 주제였다.

논문 주제의 제목은 현장 적용형 문제처럼 보였지만 우리나라 기상학과라면 관심이 없을 순수 유체역학의 문제로 접근하였다. 목성의 먼지 띠 주제만큼이나 원론적인 문제를 다루었다.

6.

논문 작업을 하면서 거의 매일 기무라 교수님과 토론을 했다. 컴퓨터 시뮬레이션의 결과를 매일 수십 장의 그림으로 뽑아서 토론 자료로 사용했다. 이 결과물 중에서 실제로 박사 학위 논문에 사용한 그림은 출력한 천 장 중 한 장 정도에 불과했던 것으로 기억한다. 그만큼 작업량이 엄청났다.

교수님은 도쿄대학의 여느 교수들과 마찬가지로 외부 일정이 많아서 출근이 늦는 경우는 많았지만 연구실은 늘 밤 10시까지 지키셨다. 늦은 시각이라도 항상 질문에 응해 주었고 한 번도 짜증 내는 모습을 보이지 않았다. 논의 과정에서 나에게 읽혀야겠다는 자료가 생각나면 도서실까지 직접 동행해서 자료를 찾아주기도 했다(연구실은 건물의 4층에 있고 도서관은 2층에 있었다). 도서실은 논문과 도서 때문에 비좁았는데, 교수님이 바닥에 엎드려 바닥 층에 있는 먼지 쌓인 논문집을 찾아내서는 복사를 해 준 적도 여러 차례 있었다. 그렇게 논문을 찾아 주면서 환하게 웃으시던 모습이 지금도 눈에 선하다. 기무라 교수님의 그런 따스한 마음 덕분에, 유학을 가기 전 지도 교수와의 갈등과 경제적 어려움으로 차갑게 얼어 있던 나의 마음은 푸근하게 녹아 갔다.

일본은 내가 유학을 하던 1990년대 중반에도 기후변화 대응 문제에 논의가 활발한 편이었는데, 기무라 교수님이 기후변화를 바라보는 시각은 무척 낭만적이었다. 그것을 상징하는 사건이 있었다. 반도체 생산 중심의 전자 업체였던 도시바TOSHIBA에서 창업 100주년을 맞아 대대적으로 온실가스 감축을 기업 경영에 반영하고 그것을 기업 홍보에 적극 활용하고 있었다. 그 일환으로 교수님께 지구온난화의 위험과 온실가스 감축의 중요성에 대한 원고를 청탁해 왔다고 한다. 교수님이 쓴 원고의 내용은 대략 다음과 같았다.

> 지구의 오랜 역사 동안, 대기 중 이산화탄소는 지금보다 훨씬 많았고 온도도 훨씬 높았으며 생명 활동도 매우 활발했었다. 지금의 낮은 이산화탄소는 긴 지구 역사에서 본다면 오히려 특이한 상태이다. 이산화탄소 배출이 늘어나서 지구환경이 원래의 고온으로 돌아간다면 지금보다 훨씬 왕성한 생명 활동이 가능할 것이다. 왜 지구는 인간이 살기에 적합한 지금 상태의 기후환경이어야만 하는가?

물론 그 원고는 잡지에 실리지 못했다고 들었다. 이런 자연관을 들으면 기후변화의 위기를 부정한다고 노여워할 사람들이 많을 것이라 생각한다. 그러나 곰곰이 되새겨보면, 지구환경을 왜 지구 생명체 중 하나에 불과한 인간의 생존조건에만 맞추어야 하느냐는 물음을 던질 수 있지 않을까? 인간은 지구상에 나타난 이래로 항상 '최적의 기후 창조'를 욕망해 왔다. 이를 추구하며 벌어지는 지구환경 윤리의 문제에 답하려면 반드시 짚고 가야 할 철학적 논의이다.

인간을 중심에 두고 인간에게 유리한 조건을 구축하고자 하는 것이 환경주의적 사고방식이다. 이보다 훨씬 큰 개념이 생태주의다. 생태주의는 지구 생명체들이 평등한 존재로서 공생 공존을 추구한다. 기무라 교수님의 자연관은 철저하게 후자의 입장을 대변하는 셈이다. 지금 우리가 추구해야 할 자연관은 좁은 인간 중심 환경주의의 틀을 벗어던지고 자연의 공생 공존을 추구하는 생태주의여야 한다. 인간의 위치를 자연 생태계 구성의 평범한 일원으로 낮추어 생각할 수 있어야 환경 위기를 이겨나갈 수 있지 않을까?

당시 일본에서는 장학금 대부분이 박사 과정의 최소 수학기간인 3년 동안만 지급되었다. 논문 작업에만 몰입하여 살았지만 그 이내에 완성할 수가 없었다. 3년이 다 지나갈 시기가 되어 마음이 초조해졌다. 끝은 보이지 않고 생활비를 마련할 길은 막막했다.

그때 미야기라고 하는 『산케이신문』産経新聞의 부장이 동일본하우스라는 건설 회사를 스폰서로 하여, 유학생을 대상으로 "나는 왜 일본에 유학을 왔는가?"라는 제목의 수기를 모집하는 행사를 만들었다(『산케이신문』은 극우 신문으로 악명이 높은데, 당시에는 우리나라가 군사 정권하에 있었던 탓에 사상적으로 그들과 비슷해서였는지 모르겠지만, 한국에 대한 이상한 보도는 없었다. 그래서 나는 당시 그 신문사가 극우라는 인식을 하지 못했다). 나는 그 행사에 지금까지의 삶과 장래의 꿈을 원고지 50매 분량으로 담담하게 적어 냈는데, 당선이 되어 2년간 생활비를 충당할 수 있을 정도의 장학금을 받았다. 선발된 30여 명 대부분은 인문 사회 계열이었고 이공계 학생은 별로 없었던 것으로 기억한다.

장학금 수여식에서 들었던 말 중 기억에 남는 부분은, "여러분들에게 바라는 바는 일본에서 공부를 마치고 귀국하면 당신 나라의 애국자로 살아달라는 점이다. 일본에 대한 애국은 우리가 하겠으니 여러분은 여러분 나라의 애국자로 살아 달라"는 이야기였다. 이런 생각을 하는 우익 언론에서 개최한 장학생 선발이었기에, 어려서부터 '고전 읽기'로 애국심이 컸던 내가 쓴 글은 아마도 그들의 입맛에 딱 맞았으리라 짐작된다.

그들은 장학생들에게 장학금만 준 게 아니라 일본 명소로 관광도 보내 주었고, 심지어 관광 중 숙식은 스폰서가 소유한 호텔에서 해결해 줬다. 호텔 내에서 제공하는 모든 서비스를 무료로 즐길 수 있는 혜택을 제공하기도 하였다. 관광 일정에는 장학 제도를 만든 신문사 간부가 동행을 했다. 일정 도중에도 특히 나에게 대우가 좋았고, 유학을 마치고 귀국을 할 때에는 신문사의 여러 간부들이 참석하여 환송회를 성대하게 열어 주기도 했다.

귀국 후에 기상청에서 근무하면서 일본과의 공동 연구 문제로 출장을 갔을 때에도 미야기 부장이 주도하여 매번 성대한 파티로 환영해 주었다. 시간이 많이 흘러 국장으로 퇴임한 그분을 만났을 때, 그동안의 호의가 고마웠는데 왜 그렇게 잘 대해 주었느냐고 물어보았다. 그분의 대답은, 자신들은 글쟁이라 글을 보면 사람을 알아본다고 확신을 하는데 내가 귀국을 하면 틀림없이 한국에서 고위직에 오를 거라고 판단을 했단다. 그런데 왜 고위직 인사가 되지 못했냐고 오히려 묻는 것이었다. 그냥 웃음으로 넘겼지만 가만히 생각해 보니, 기무라 교수님을 만나서 공부를 한 덕분에 과학낭만주의자로 변하여 그런 욕심조차 갖지 않게 된 것이 아닐까 하는 생각이 들었다.

7.

1990년 4월에 박사과정에 입학하여 1994년 7월에 학위를 받았다. (일본은 4월, 10월 학기제이다. 4월에 개학하여 6월 중순경에 학기를 마치고, 방학에 들어가서 10월에 개학을 한다. 그러고는 12월 마지막 주와 1월 첫 주를 쉬고 수업을 계속해서 대략 1월 말에 끝이 난다.) 나의 학위 취득 시기가 7월이라는 것에서 알 수 있듯이 일본에서는 논문 심사를 시작하는 시기는 정해져 있지만 그걸 언제까지 마쳐야 한다는 제약은 없었다. 연중 언제든 심사위원들의 동의가 얻어지면 심사가 끝나고 학위가 주어지는 방식이었다. 학위논문 심사는 지도 교수가 5인의 심사위원을 구성하여 개시하는데 심사 회의의 횟수에는 제한이 없고 전원이 합의해야 끝이 난다.

학위논문 심사에서 제일 힘든 과정은 첫 번째 회의이다. 이 심사 회의는 공개적으로 진행되는데 질의 내용에도 제한이 없다. 심사 시간에도 제한이 없어서 10시간 이상 소요되는 것이 보통이다. 두 번째 심사 회의부터는 비공개로 개최되는데 심사 과정에서 논문 체계가 많이 변하기도 한다. 심사 교수들에게 심사 수당, 교통비 보조와 같은 일체의 보상은 주어지지 않는다. 그럼에도 심사 과정은 모두가 납득할 때까지 성심성의껏 진행된다. 그리고 심사를 의뢰받은 분들은 심사자가 수년에 걸쳐서 이룩한 성과를 수고로움 없이 볼 수 있다는 게 얼마나 행운이냐고 한다. 우리나라와는 너무나도 다른 광경인데 부러울 따름이다.

내 논문 주제는 두 가지였다. 하나는 겨울철에 발달하는 시베리아고기압의 차가운 공기가 황해를 지나 적도 태평양 쪽으로 불어 갈 때에, 바다 위에서 열과 수증기를 공급받아 대류 운동이 발달하는 과정에 관한 것이었다. 대류 운동은 지표로부터 공기가 상승하여 상층에서 냉각되어 다시 하강을 되풀이하는 현상을 말하는데, 이때 공기가 상승하는 고도와 하강했다가 지표에서 가열되어 다시 상승하게 되는 수평 길이 간의 비는 어떻게 결정되는가를 찾는 문제였다.

답은 대류를 유지·발달시키는 에너지원에서 수증기 응결의 비중이 클수록 대류 세포의 연직 높이에 대한 수평 길이의 비율이 커진다는 것이었다. 우리나라에서 공부를 한다면 이런 문제는 일기예보와 무관하다고 생각해서 연구 대상으로 여기지도 않을 것이다. 그러나 이 주제가 요즘 기후변화와 관련해서 중요한 질문인 '지구온난화는 왜 폭우

지역과 가뭄 지역을 동시에 확대시키는가'에 대한 답을 주기도 한다.

두 번째 주제는, 해무의 발달에 해상의 공기보다 고온·건조한 상층 공기가 가진 역할을 찾는 것이었다. 초여름에 오호츠크해에서 고기압이 발달하면 찬 공기가 남쪽 해상으로 불어오는데, 이때 해상에는 대류 운동이 활발해져서 짙은 해무가 발달한다.

학위논문을 쓰는 기간이 길어진 이유는, 여기에서 상층 공기의 역할이 중요하다는 나의 주장에 기무라 교수님이 선뜻 동의하지 못한 것에 있었다. 상식적으로는 하층 안개 속으로 상층의 고온 건조한 공기가 침입해 들어오면 안개 입자(물방울)가 증발하여 안개가 사라져야 한다. 그런데 내가 반대의 주장을 했던 셈이다.

오랜 줄다리기를 하다가, 중요한 심포지엄에 같이 참석해서 내가 발표하는 내용을 들은 후 연구실로 돌아와서는 재차 설명을 해 보라고 하셨다. 나의 설명을 듣고 나서 이렇게 말씀하셨다. "이제부터는 네가 나의 선생이다. 심포지엄을 마치고 오면서 기차 안에서 계속 생각했는데 너의 생각이 옳다. 박사 논문 심사를 시작하자!" 교수님은 크게 웃으면서 악수를 청하셨다. 그때 밀려온 기쁨은 기나긴 여정의 힘듦을 모두 날려버리고도 남는 것이었다.

해수면에 바람이 불 때 기온이 낮고 풍속이 빠를수록 해수면에서의 증발량이 더 많아진다. 증발한 수증기는 찬 공기 속에서 응결하여 안개가 발생한다. 그리고 안개층 위에는 안개층 내의 공기보다 기온이 높고 건조한 공기가 존재한다. 그 공기가 안개층 내로 유입되면 물방울이 증발하여 안개가 감소하거나 사라지기도 한다. 하지만 증발량이 일정 수준 이상으로 많을 경우에는 고온 건조한 공기가 안개층 위에서 안으로 들어와도 안개가 사라지는 것이 아니라 오히려 더 많이 생성될 수 있다. 이 사실을 수치 실험으로 입증하였던 것이다.

자연이든 인간 세상이든 어떤 사건이나 계기가 항상 같은 결과를 만들어 내지는 않는다. 똑같은 요인이라도 그것은 상황에 따라서 전혀 다른 결과를 만들어 낸다.

8.

박사 학위를 취득한 1994년 6월에 결혼을 하고 가을에 귀국을 하였다. 사실 학위 취득 후에 도쿄대학에서 2년 정도 연구원 생활을 이어가기로 지도 교수님과 약속을 했었는데, 모교에 힘을 보태야 할 사정이 생겨서 가을 학기에 맞춰 귀국했다. 지도 교수님이 매우 실망하던 모습이 지금도 기억에 남는다. 귀국 후에 이런저런 일에 시달릴 때마다 그때 일본에 더 머물지 않은 것을 많이 후회했다. 순간의 선택이 삶의 방향을 크게 바꾼다. 지금 돌이켜 보면 그건 현명한 선택이 아니었다.

귀국 후에 모교에서 교수 채용을 기다리며 2년간 시간강사 생활을 했다. 모교와 진주교육대학에서 1주일에 20시간 이상씩 강의를 하면서 생활비를 벌어야 하는 힘든 시간이었다. 진주교육대학에서는 똑같은 내용으로 이틀 동안 열두 번 수업을 하였던 학기도 있었다. 그렇게 교수 자리가 나기를 기다렸으나 기대와 달리 계속 복잡한 사정이 생기면서 모교에 자리를 잡기가 쉽지 않았다.

그러는 사이 95년 7월에 아이가 태어났다. 아기를 보자 더 이상 언제 올지 모르는 교수 자리를 기다리며 불안정한 시간을 보내면 안 되겠다는 생각이 들었다. 모교에서 많은 시수를 담당했지만, 학과 운영에는 아웃사이더일 수밖에 없는 강사 생활을 더 하는 것은 주도적으로 현안에 뛰어들어 해결해 가는 것을 좋아하는 나의 성격으로는 버텨 내기 힘들었다.

당시에는 우리나라에 기상학 박사가 별로 없어서 희망하

면 기상청에 취업하는 것은 어렵지 않았다. 결국 1996년 11월에 기상청 기상연구소에 연구관 특채로 취업을 했다. 모교 사범대학의 교수가 되어 교사들에게 도움이 되는 일을 하고 싶다는 희망은 포기해야 했다. 운명이라 여기고 기상청에서 평생을 보내자는 다짐을 했다. 이렇게 험한 여정을 거쳐 직업인으로서 기상학 연구자의 길로 들어서게 되었다.

기상연구소에 2년간 근무하는 동안 일본 농업환경연구소 측과 '기후변화가 한국과 일본의 쌀 생산량에 미치는 영향'이라는 공동 연구를 하였다. 박사학위 두 번째 주제가 오호츠크해에서 차가운 공기가 남쪽으로 내려오면서 해양에서 만들어지는 안개에 관한 연구였는데, 이 주제가 바로 여름철 냉해 발생의 문제이다. 대학원생 시절에 각종 학회와 워크숍에서 연구 성과를 발표하고 다녔던 사실을 기억하여 제안을 해 왔다. 그 연구를 수행하면서 기후변화 자체의 문제만이 아니라 그것이 전 세계의 식량 문제에 미칠 영향을 이해하게 되었다. 뿐만 아니라 기후 재해로 인한 1993년의 흉작을 계기로 일본과 미국 등 선진국이 장기적인 식량 수급 전략을 재구성하는 모습도 볼 수 있었다. 일본 농림수산성 관료들과 연구진들은 1990년대 후반에 벌써 기후변화 시대의 식량 문제 대응책을 본격적으로 찾고 있었다. 이때의 경험이 대학교수 생활을 시작한 이후에 기후변화 문제와 도시 열섬 문제에 집중하는 데에 큰 도움이 되었다.

교수가 된 후 십여 년에 걸쳐 과학재단과 학술진흥재단(지금은 두 기관이 통합하여 한국연구재단이 되었다)에 기후변화와 열섬 현상을 주제로 제안서를 내어 모두 선정되었다. 다른 정부 부처로부터도 연구 과제를 많이 받았지만 주제는 모두 기후변화와 열섬 현상에 관련된 것이었다. 덕분에 다수의 대학원생을 배출하고 논문도 많이 쓸 수 있었다. 이러한 성과 덕분에 에너지 등 다양한 분야에 관한 정부 기관의 각종 위원회에 참여하여 경험을 쌓을 수도 있었다.

지금까지 축적한 지식과 경험을 살려 기후변화 위기를 세상에 알리고, 우리 사회가 기후변화에 제대로 대응할 수 있도록 돕는 일을 하면서 살아가는 것이 소망이다.

제 1 장

일기예보의 경험적 시대

일기예보의 터를 닦은 사람들

자연과학으로서의 기상학 발달의 시작은 16세기에서 17세기에 걸쳐 갈릴레이와 뉴턴에 의해 눈부시게 발달한 물리학과 궤를 같이 한다. 물리학과 화학의 발달로 기상학은 다양한 기상 현상을 과학적으로 이해할 수 있는 이론 기반을 다져 갈 수 있었다. 또 기온과 기압의 변화를 정량적으로 관측할 수 있게 되면서 기상학의 체계가 확립되기 시작하였다.

우리나라에 임진왜란이 일어난 1592년에 갈릴레이가 기체온도계를 발명하였고, 1643년에는 토리첼리가 대기압 실험을 통해서 기압의 실체를 알아냈다. 1661년에는 화학자 보일(R. Boyle, 1627~1691)이 기온이 일정할 때 기체의 부피는 압력에 반비례한다는 보일의 법칙을 발표하였다. 이 법칙으로 기온, 공기 밀도, 기압 사이의 정량적 관계를 알아내는 방정식을 만들 수 있었다. 1720년에 독일의 화렌하이트(G. Farenheit, 1686~1736)가 화씨온도계를 만들었고, 1742년에는 셀시우스(A. Celicius, 1701~1744)가 오늘날 전 세계에서 가장 널리 사용하고 있는 섭씨온도계를 고안하였다. 섭씨온도계는 처음에는 물의 어는점이 100℃, 물이 끓는점이 0℃로 고안되었는데 훗날 린네(C.

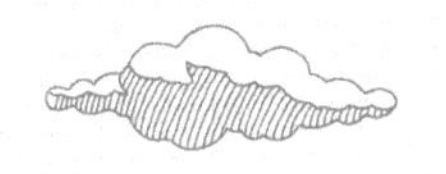

Linnaeus, 1707~1778)가 지금과 같은 방식으로 바꾸었다.

그리고 1820년에 드디어 브란데스가 처음으로 일기도를 만들기에 이르렀다. 20세기 초에는 비야크네스를 중심으로 한 노르웨이 학파가 출현하여 엄밀한 기상관측을 수행하였고, 관측 결과를 물리학적 지식을 활용하여 오늘날에도 유효한 위대한 기상학 이론으로 비약적으로 발전시켰다. 이를 계기로 기상학은 기상 현상이라는 자연현상을 물리학과 화학 지식을 이용하여 해석하는 단계를 넘어서 날씨 변화를 예측할 수 있는 단계로까지 나아갈 수 있었다. V.비야크네스가 만든 온대저기압 이론은 오늘날 중·고등학교 과학 교과서에 그대로 소개되고 있다. 이 장에서는 토리첼리가 발견한 기압의 본질부터 '기상학의 조부'라고 일컬어지는 V.비야크네스와 그의 아들 J.비야크네스의 업적까지 소개한다.

토리첼리와 파스칼, 기압의 본질을 알아내다

토리첼리의 대기압 실험

일기도에는 기압이 같은 지점을 연결하여 만든 등압선만이 아니라 전 세계 기상관측소에서 관측한 각종 기상정보가 다양한 기호로 기록되어 있다. 일기도에 이처럼 다양한 기상정보가 표기된 것은 1920년대 노르웨이의 V.비야크네스 이후부터이고 그 이전에는 등압선만 기입되었다.

날씨 예측에 가장 유용하게 이용되는 것은 일기도이고, 일기도에서 가장 중요한 요소는 등압선이다. 즉 기압barometer이라는 말인데, 기압 정보는 날씨가 어떻게 변할지를 예측함에 있어서 가장 중요한 판단 근거이다.

먼저 같은 시각에 여러 지점에서 기압을 관측한다. 관측 결과를 해수면상의 값으로 보정한 후에 지도 위의 각 지점에 기입하고, 같은 기압이 나타난 지역을 연결해 선을 그으면 등압선이 된다. 이 등압선의 분포 특성으로부터 고기압과 저기압을 파악하고 바람과 강수 유무를 판단할 수 있다. 현대적 의미에서의 일기예보는 기압을 발견하고 관측할 수 있게 됨으로써 가능해졌다고 말할 수 있다.

흔히 신경통 환자들이 강우 예측을 잘 한다고 하는데 그 원리를 추정해 보면 다음과 같을 것이다. 비는 저기압일 때에 오는데, 저기압이 다가오면 혈관에 가해지는 압력이 감소해서 팽창하게 된다. 혈관이 팽창하여 신경을 압박하면 통증이 심해진다. 그런데 여러 의사 분들에게 이런 추정에 대해 물어보니 그분들은 동의하지 않았다. 기압의 변화로 인해 혈관이 팽창하는 정도는 미미해서 그것이 신경에 가하는 압박을 인지하기는 어렵다는 설명이었다. 또 일본과 중국에서, 강우 예측을 기가 막히게 잘 한다고 소문난 전국의 신경통 환자들을 모아서 실험해 봤는데 사실로 확인된 사례가 없었다고 한다. 그러니 신경통을 앓는 할머니들이 기상청보다 일기예보를 더 잘한다는 전언은 와전이거나 신비일 뿐이다.

기압의 발견 과정과 그 의미를 살펴보자. 기압이 과학자(철학자)들의 관심의 대상이 된 것은 르네상스 시대부터였다. 르네상스 시절의 철학자들은 중세 시대를 지배하고 있던 스콜라철학의 권위를 무너뜨려야 한다는 절박감이 있었다고 한다. 중세 시절 스콜라철학에서는 ① 지구는 우주의 중심이다, ② 힘이 작용하지 않으면 물체는 움직이지 않는다, ③ 자연계에 진공은 존재하지 않는다고 주장하고 있었다. 이 중에서 ①은 코페르니쿠스의 지동설, ②는 뉴턴의 '관성의 법칙'에 의해 무너졌다. 그리고 ③을 무너뜨리는 과정에서 기압을 발견하게 된다.

중세 시대에도 펌프를 이용하여 우물을 퍼 올리는 일이 많았다. 그런데 펌프에 아무런 이상이 없어도 물이 올라오지 않는 경우가 종종 발생했는데, 이런 경험이 축적되다 보니 우물 기술자들은 수심이 10미터 이상 깊어지면 물을 퍼 올릴 수 없다는 사실을 알게 된다. 스콜라철학에서는 펌프로 물이 올라오는 것은 진공을 만들지 않으려는 자연의 성질 때문이라고 믿고 있었기에 이 현상을 설명할 수 없었다. 갈릴레이는 우물 기술자들로부터 이 얘기를 전해 듣고서 진공의 흡인력에 한계가 있기 때문일 것이라고 생각했다.

그런데 1643년, 갈릴레이의 제자였던 토리첼리(E. Torricelli,

에반젤리스타 토리첼리(E. Torricelli, 1608~1647).
갈릴레이의 제자였던 토리첼리는 수은기압계를 발명하고
대기압 실험을 통해서 기압의 실체를 알아내 기상관측의 토대를 만들었다.

1608~1647)가 물보다 밀도가 큰 수은으로 실험을 해 보았다. 그는 1미터 정도 높이의 유리관에 수은을 가득 채우고 입구를 손으로 막았다. 그러고는 수은이 들어 있는 큰 용기 속에 거꾸로 세운 뒤에 유리관을 막고 있던 손을 떼었다. 그러자 수은주는 용기 표면에서 76센티미터 높이까지 내려온 후에 정지하였다. 유리관 안의 수은 위쪽은 진공상태가 된 것이다. 이로써 자연계에 진공은 존재하지 않는다는 스콜라 철학의 ③번이 보기 좋게 무너졌다.

당시 사람들은 갈릴레이처럼 진공의 흡인력에 한계가 있을 것이라고 생각했다. 그런데 토리첼리가 거꾸로 세운 유리관을 기울여 봐도 수은주는 항상 용기 표면으로부터 76센티미터의 높이를 유지하였다. 관을 기울이면 진공 부분의 부피가 변하는데도 수은주의 높이는 변화가 없는 것이다.

토리첼리는 이 현상을 설명하는 데에 발상의 전환을 하였다. 진공의 흡인력으로 수은주가 빨려 올라가는 것이 아니라, 용기에 들어 있는 수은의 표면에 미치는 힘이 수은주를 밀어 올리고 있다는 가설을 생각했다. 이 힘은 용기 속 수은 표면에 작용하는 공기의 무게이다. 이것이 바로 기압이다.

파스칼의 대기압 실험과 정역학 방정식

자연과학을 하는 방법론을 귀납적 방법론이라고 한다. 이것은 자연현상을 직접 관찰하고 관찰된 결과에 대해서 그렇게 되는 이유를 합리적으로 추론하는 방식을 말한다. 파스칼이 기압은 고도가 높아질수록 낮아진다는 사실을 확인하는 과정은 귀납적 사고방식을 잘 보여준다.

1623년 프랑스에서 태어난 파스칼(B. Pascal, 1623~1662)은 세 살 때 어머니를 여의고 아버지의 보살핌 속에 자랐다. 파스칼의 아버지는 어학, 수학, 과학 등 다방면에 학식이 높았고 자녀들의 교육에도 열정이 대단하였다고 전해진다. 어려서부터 몸이 허약했던 파스칼을 위해서 가정교사를 들여 공부를 할 수 있게 했는데, 어린 나이에 수학을 공부하는 것은 부적합하다고 생각하여 수학은 가르치지 않았다. 그럼에도 파스칼은 수학에 큰 호기심을 드러냈는데 특히 기하학에 관심이 높았다. 수학에 특별한 재능과 관심을 가진 파스칼은 불과 열두 살의 나이에 독자적으로 삼각형의 내각의 합은 평각과 같다는 사실을 발견하는 천재성을 발휘했다. 아버지는 파스칼이 어린 나이에 벌써 기하학에서 뛰어난 재주를 보이자 그의 재능을 인정하고 본격적으로 수학 공부를 할

블레즈 파스칼(B. Pascal, 1623~1662).
파스칼은 대기압 실험을 통해 토리첼리의 가설을 입증하였다.
대기압 실험으로 파스칼이 발견한 압력의 작용 원리는
기중기와 차량의 브레이크 등 작은 힘으로 큰 운동을 이끌어 내는 데에 이용되고 있다.

수 있도록 지원했다. 그는 유클리드의 『원론』을 비롯한 많은 수학 서적들을 공부하고 그 속에 포함된 수학적 원리들을 터득해 나갔다.

열세 살 때에는 파스칼의 삼각형을 발견했고, 열네 살이 되던 해에는 프랑스 수학자들이 일주일에 한 번씩 모이는 수학 토론회에 참여했다(이 모임은 점차 발전하여 1666년에 프랑스 과학 아카데미가 되었다). 열여섯 살 때에는 원뿔 곡선에 대한 소논문을 발표해 수학자들을 놀라게 하였으며, 열일곱 살 때에는 파스칼의 정리를 이용하여 4백 개의 명제를 유도하였다. 열아홉 살이 되던 해에는 '파스칼의 계산기'(톱니바퀴 계산기)라고 불리는 세계 최초의 계산기를 발명했는데, 이 계산기는 현대 계산기의 기본 모델의 역할을 하였다고 평가받는다.

파스칼은 스물세 살 때에 토리첼리의 기압 실험 소식을 접했다. 1647년, 파리에 살고 있던 파스칼은 토리첼리의 실험에서 수은주를 지탱한 힘이 진공의 흡인력인지 기압인지를 두고 데카르트와 토의를 하였는데, 이 과정에서 그 답을 찾을 수 있는 좋은 방법을 떠올렸다. 산 위에 가서 토리첼리의 실험을 해 보면 되겠다는 것이었다. 토리첼리의 주장이 사실이라면 산 위에 가면 기압이 낮아지므로 수은주의 높이는 76센티미터보다 낮을 것이라고 추론할 수 있었다.

그러나 평생 두통과 무릎의 관절염으로 고생을 했던 파스칼은 본인이 높은 산에 올라갈 수 있는 건강 상태가 아니었다. 토리첼리의 실험에 호기심을 가졌던 1647년에 그는 치료를 위해 여동생과 함께 파리로 이사하였을 정도로 통증이 심하였다. 그래서 파스칼은 고향에 있던 동생의 남편에게 그곳에 있는 해발 1,465미터의 산 정상과 아래에서 각각 토리첼리의 실험을 해줄 것을 부탁했고, 실험 결과 산 정상에서 수은주 높이가 7.6센티미터 더 낮다는 사실을 알게 되었다. 그리고 파스칼 자신은 50미터 높이의 교회의 탑 위에서 실험을 하여 높은 곳으로 가면 수은주가 낮아지는 것을 확인하였다. 이로써 토리첼리의 가설은 입증되었다.

파스칼이 확인한 바와 같이, 기압은 공기의 무게로 인하여 발생하는 것이므로 높은 곳으로 갈수록 해당 고도의 상공에 존재하는 공기의 양이 줄어들어 기압이 낮아진다. 따라서 어느 지점에서 기압을 측정하면 그 지점의 고도를 추정할 수 있는데, 그것이 고도계의 원리이다.

또 파스칼의 실험으로부터 기온에 의해서도 고도 상승에 따른 기압의 감소 비율이 달라질 것이라는 사실을 추론할 수 있다. 이를 좀 더 설명해 보자. 기온이 높은 저위도와 기온이 낮은 고위도에서 동일 고도만큼 상공으로 올라가 기압을 측정해 보면, 어느 곳에서 기압이 더 많이 감소하였을까? 온도가 높으면 공기가 팽창해 부피가 커지므로 밀도가 작아진다. 따라서 기온이 낮은 고위도로 갈수록 같은 높이만큼 상공으로 올라갔을 때에 기압의 감소량이 저위도보다 커진다. 그래서 지구의 대기는 최하층인 대류권 내에서는 지상기압이 비슷하더라도, 상공으로 가면 저위도는 고기압, 고위도는 저기압으로 변해 간다. 이 관계를 수식으로 정리한 것이 정역학 방정식이다.

지금에 와서는 당연해 보이는 사실을 입증하기 위해서 토리첼리도 파스칼도 대단한 고생을 하였다고 생각할 수 있겠지만, 이런 노력이 집적되어 종교 중심의 중세를 극복하고 인간 중심의 근대를 열 수 있었다. 유독 이 시대, 즉 르네상스 시대에 수학과 자연과학에서 중요한 사실들이 집중적으로 많이 발견되었는데 그 이유는 어디에 있는 것일까?

파스칼은 서른아홉이라는 짧은 일생 동안 수학과 통계학에서 오늘날에도 유용하게 이용하는 원리들을 여러 개 발견하였고, 톱니바퀴 계산기는 컴퓨터 발달사에서 중요하게 언급된다. 내기압 실험을 통해 발견한 파스칼의 원리는 압력의 작용 원리로도 유명한데, 이것은 기중기와 차량의 브레이크 등 작은 힘으로 큰 운동을 이끌어내는 데에 이용되고 있다.

파스칼은 말년엔 신학에 심취해서 살았는데, 그때 남긴 원고를 그의 사후에 친구들이 모아서 출판한 책이 수필집 『팡세』이다. 과학 사가史家들은 르네상스 시대를 산 과학자들은 인간 이성을 억압하는 중세의 부조리를 끝장내야 한다는 절박감이 있었으리라고 평가한다. 그 덕분에 한 인간이 이룩한 것이라고 믿기 어려울 만큼의 엄청난 업적을 남길 수 있었다는 것이다. 간절함이 있는 사람은 초인적 능력을 발휘하게 된다는 말이다.

『팡세』에서 가장 유명한 구절인 "인간은 생각하는 갈대"라는 말을 음미해 보자. 파스칼은 인간의 이성, 즉 생각하는 힘이 인간을 위대한 존재로 만든다고 강변하였다. 인간은 자연 속에서도 아주 약한 하나의 갈대와 같은 존재에 지나지 않는다. 이런 나약한 인간을 없애버리는 데에는 우주 전체가 무장할 필요가 없다. 한 방울의 물로도 충분하다. 그러나 설령 우주가 인간을 가볍게 없애버릴 수 있다고 하더라도 그런 우주보다도 인간이 더 위대하고 존귀하다. 인간은 그를 죽일 수 있는 우주의 힘이 자신보다 월등하다는 것을 생각할 수 있기 때문이다. 우주는 그런 생각을 하지 못한다.

파스칼의 또 다른 발견

파스칼은 유체역학 분야에도 큰 업적을 남겼는데, 스물한 살에 "유체는 모든 방향으로 같은 압력을 전달한다"는 '파스칼의 법칙'을 발견했다. 유체 덩어리의 작은 부분에 가한 압력이 전체에 똑같은 크기로 작용한다는 것인데, 이 원리는 기중기와 자동차 브레이크 작동의 원리가 된다.

수학과 물리학 분야에서 이룩한 이러한 놀라운 연구 활동은 파스칼이 스물일곱이 되던 1650년부터 중단되었다. 타고난 허약 체질로 건강이 악화된 파스칼은 수학과 과학에 관한 모든 연구를 중단하고 말년의 삶을 종교적 명상에 바쳤다. 평생 두통과 무릎 관절염을 앓았던 파스칼은 말년에는 치통까지 겪었는데, 잠을 제대로 잘 수 없을 정도로 통증에 시달렸다. 그는 이 고통을 잊고자 사이클로이드(cycloid)를 연구하여 수학의 발전에 크게 기여하기도 하였다.

자전거 바퀴가 굴러감에 따라서 바퀴 둘레 위의 한 점은 그림과 같은 곡선을 그리게 된다. 이와 같이 한 원이 일직선 위를 진행해 갈 때, 이 원의 둘레 위의 한 점이 그리는 곡선을 사이클로이드라고 한다.

우리 주변에서도 사이클로이드를 쉽게 관측할 수 있다. 맹금류가 먹

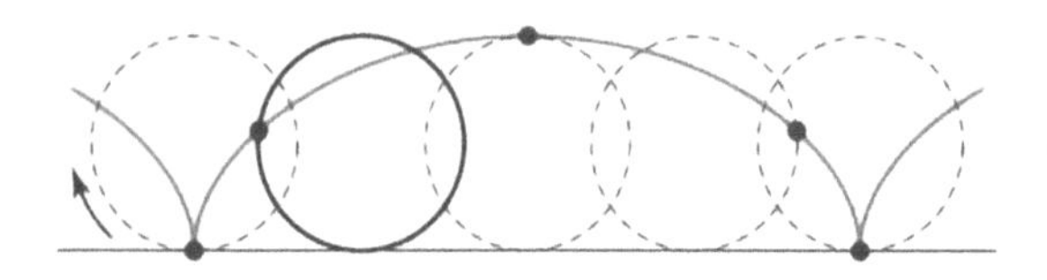

이를 낚아채려고 높은 하늘에서 땅으로 빠르게 내려오는 광경을 관찰해 보면 그 궤도가 사이클로이드 곡선 형태에 가깝다고 한다. 사이클로이드에 가까운 곡선을 그리며 목표물로 향할 때에 가장 효율적인 궤적이 된다는 것이다. 새들이 하늘을 날 때에도 몸체를 기준으로 하여 날개 끝이 사이클로이드 형태의 타원 궤적을 이룰 때에 몸을 부상시켜 주는 공기의 힘인 양력을 가장 효과적으로 받을 수 있다고 한다. 우리나라 전통 가옥의 기와 역시 사이클로이드 곡선 모양을 하고 있으며, 지붕에 떨어진 빗방울이 이 사이클로이드 형태의 곡선 경로를 따라 기와 끝 부분에서 땅으로 깔끔하게 낙하한다. 그 결과 목조 건물의 부식이 억제된다고 한다.

브란데스, 일기도를 만들다

관측 지점의 고도에 따라 달라지는 기압차의 보정

기압은 관측하는 지점의 해발고도가 높을수록 낮게 관측된다. 따라서 여러 지점에서 기압을 측정하여 지도에 그 값 그대로 등압선을 그린다면 해발고도가 높을수록 저기압으로 나타날 것이다. 즉 지도에서 볼 수 있는 지형의 등고선과 거의 같은 모양이 되어버린다. 이렇게 되면 고기압과 저기압의 위치를 파악해 일기예보에 활용할 수 있는 일기도를 만들 수 없다. 그래서 오늘날 일기도 작성에 이용하는 지상기압은 관측소의 해발고도를 고려하여, 측정한 결과를 평균해수면 상의 값으로 보정한다. 이를 해면경정이라고 한다.

지상 부근에서는 대략 8미터씩 위로 올라갈수록 기압이 1hPa(헥토파스칼)씩 낮아진다. 높은 산에 올라가서 밥을 짓거나 라면을 끓이면 물이 100℃에 훨씬 못 미치는 온도에서 끓어버려 설익게 된다. 그 이유는 무엇일까?

물이 끓는 온도는 기압과 수증기압이 같아지는 지점이다. 여기서 말하는 수증기압이란 열을 얻은 물이 그 표면에서 증발하여 나타나는 압력을 말한다. 따라서 기압이 낮으면 수증기압이 더 낮은 상태(= 물이 수증기로 변하는 양이 적은, 즉 수온이 낮은 상태)에서 물이 끓을 수 있다. 이런 원리로, 국제선이 비행하는 지상 10킬로미터 이상의 고도에서 비행기 안의 기압을 인위적으로 높여 주지 않는다면 우리 몸속의 피가 체온인 36℃에서 끓어 버리는 위험한 사태를 맞이할 수도 있다.

또, 한 지점에서 관측되는 기압은 시간에 따라서도 변한다. 상공의 기온이 낮아 밀도가 큰 공기가 이동해 오면 기압이 높아진다. 반대로 기온이 높아 밀도가 작은 공기가 이동해 오면 지상기압이 낮아진다. 지구상의 많은 지점에서 오랜 기간에 걸쳐 관측된 값의 평균 상태에 상응하는 대기를 표준대기라고 부른다. 국제민간항공기구International Civil Aviation Organization, ICAO에서 제작한 표준대기에 따르면 해발고도가 약 5.5킬로미터일 때 기압이 500hPa이다. 대기층 전체 공기에서 나타나는 기압이 1,000hPa이므로, 지구 대기층의 두께는 1,000킬로미터 내외에 이르지만 공기의 절반 정도는 해발고도 5.5킬로미터 아래에 있음을 알 수 있다. 공기는 상공으로 갈수록 매우 빠르게 희박해져서 공기의 약 90퍼센트는 해발고도 15킬로미터 아래에 존재하고 15킬로미터보다 높은 하늘에는 불과 10퍼센트의 공기밖에 없다.

지상일기도 작성

일기예보의 역사는 1820년에 독일의 브란데스(H. Brandes, 1777~1834)가 처음으로 일기도를 그린 것에서 시작한다고 본다. 하지만 일기도가 만들어지기 이전에도 토리첼리는 기압계를 고안해냈고, 사람들도 기압의 높고 낮음이 날씨와 관계있다는 사실은 인식하고 있었다.

이전의 사람들은 수은기압계의 눈금에 맑음, 비, 폭풍 등 기상 현상을 뜻하는 글자를 새겨서 사용했다. 기압계의 수은 기둥의 높이 29.5인치(1inch=2.54cm)를 경계로 날씨가 변하는 것으로 표시되었는데, 거기서도 0.5인치씩 낮아짐에

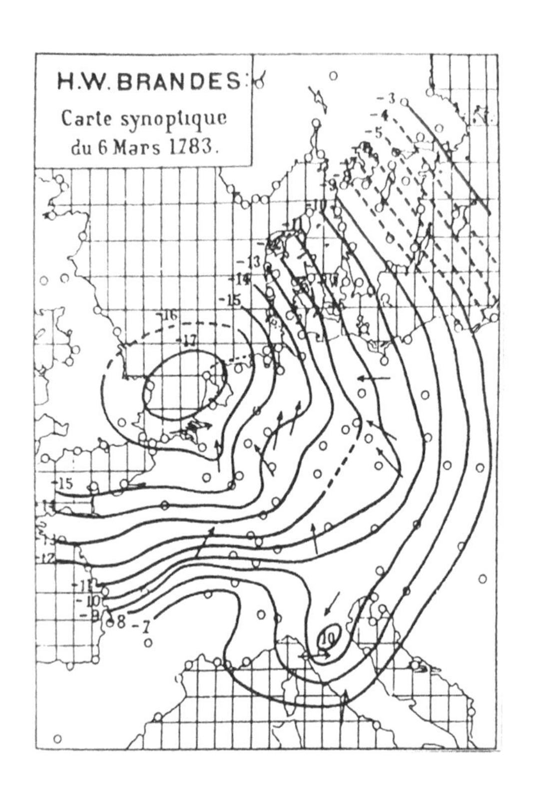

브란데스가 1820년에 작성한 최초의 지상일기도.
도서관의 자료를 바탕으로 만든 이 일기도는 1783년 3월 6일의 유럽 서부 지역을 대상으로 하였으며, 등압선과 풍향만 기입되었다.

따라 비, 많은 비, 폭우로 나누어졌다. 또 29.5인치보다 0.5인치씩 높아짐에 따라 맑음, 맑음이 이어짐, 매우 건조로 표기되었다. 이러한 이유로 당시에는 날씨 변화를 알려주는 기계라고 생각해서 청우계晴雨計, weather glass로 불리기도 했다. W.N.쇼에 의하면 이 기압계는 런던 근교 평균 해수면과 비슷한 고도에서 가장 잘 맞았다고 한다.*

브란데스는 1811년에 독일의 브레슬라우(현재 폴란드의 브로츠와프)대학에서 천문학, 물리학, 기상학 담당의 교수가 되었고, 이곳에서 1820년에 세계 최초로 일기도를 작성했다. 당시에는 통신이 잘 발달되어 있지 않았기 때문에 이 최초의 일기도는 그날의 새로운 일기도가 아니라 도서관에 있던 자료를 모아서 작성한 것이었다. 그 일기도는 1783년 3월 6일의 유럽 서부 지역을 대상으로 하였으며 일기도에는 등압선과 풍향만 기입되었다.

그가 사용한 자료는 프랑스 과학아카데미에서 수집한 것이었다. 프랑스 과학아카데미는 1666년 설립 이후 곧 기상 관측을 시작하였으며 1688년부터 기압, 기온, 강수량 등의

* W. N. Shaw, "Meteorology in History", *Manual of Meteorology, Vol. 1*, (Cambridge: Cambridge University Press, 1926), pp. 339.

관측 자료를 인쇄물로 관리해 왔다. 그런데 18세기 중엽까지도 관측하는 고도와 시각 등의 기준이 정해져 있지 않았다. 그렇게 얻은 자료로 작성한 일기도의 등압선 분포는 지형의 고도와 반비례하는 형태로 나타났을 뿐이어서 고·저기압의 분포를 제대로 파악할 수 없었고, 따라서 일기도를 통해 날씨 분포를 파악하는 데에도 실패했다. 하지만 후에 기압 보정을 하여 재차 그려본 결과, 기압 분포가 실제 바람의 분포를 잘 반영하는 것으로 나타났다.

브란데스가 작성한 일기도는 기상학 교과서를 통해서도 잘 알려져 있다. 브란데스가 시범적으로 일기도를 그려 보고 난 후 사십 년 가까이 지난 1858년부터 프랑스에서는 정기적으로 일기도를 만들어 사용하게 되었다. 일본에서는 1883년부터 일기도를 작성하기 시작하였고, 우리나라는 일본보다 이십 년 정도 늦은 1905년에 작성한 일기도가 전해지고 있다. 그러나 당시에는 기상관측소의 수가 매우 적었고 해상 관측은 이루어지지도 못했기 때문에 동아시아 전역의 기압 분포를 제대로 파악할 수가 없어서 실용성은 매우 낮았다.

우리나라 최초의 일기도(1905년 11월 1일).
당시에는 기상관측소가 매우 적었고 해상 관측도 이루어지지 못했기 때문에
동아시아 전역의 기압 분포를 제대로 파악할 수 없었다.

브란데스가 일기도를 제작함으로써, 기상관측망을 만들어 자료를 모아 일기도를 만들면 일기예보가 가능해 진다는 인식을 할 수 있게 되었다. 1838년에 미국에서는 예보를 하려는 목적으로 기상 사업이 시작되었는데, 루미스(E. Loomis, 1811~1889)가 1842년에 처음으로 일기도를 제작하였다. 일기예보가 가능해지는 전환점은 전신기(1835)와 전보(1842)의 발명으로 기상관측 자료를 빠르게 전달할 수 있는 기술이 발달하면서였다. 1851년엔 런던 세계만물박람회에서 처음으로 전보 통신으로 모은 자료를 이용하여 작성한 일기도가 전시되었다.*

일기예보가 실제로 이루어지는 직접적인 계기가 된 것은 크림 전쟁에서 프랑스의 군함이 '앙리 4세'를 포함한 16척, 영국의 군함 21척이 폭풍으로 침몰되는 사고였다. 겨울에도 얼지 않는 항구를 갖고 싶었던 러시아가 흑해를 손에 넣으려고 1853년에 오스만제국을 침입하자, 영국과 프랑스 연합군이 러시아의 남하를 막기 위하여 크림반도를 공격해 3년

* 松本誠一, 『新総観気象学』(東京堂出版, 1989), pp. 4~5.

간 25만여 명의 큰 사망자를 낸 전쟁이 크림전쟁이다. 전쟁의 결과는 연합군의 승리였고, 그 여파로 러시아는 십여 년 이상에 걸쳐 남하를 단념하고 이후 영국과 프랑스는 전 세계를 무대로 식민지 개척을 펼치게 된다.

기상학 역사에서 이 크림전쟁은 대단히 중요하다. 크림전쟁 초기에 폭풍우로 프랑스와 영국은 각각 수십 척의 함대를 잃고 어려움에 빠졌다. 그래서 당시 프랑스의 천문대장 르베리에(U. Le Verrier, 1811~1877)는 기상관측망을 급히 설치하고 기상정보 전달 전용 전보 시스템을 구축하여 일기도 제작과 폭풍 예보를 하도록 했다. 그전까지는 기상대를 설치한 나라가 없었다. 이렇게 제공된 기상정보는 연합군이 전쟁에서 승리하는 데 큰 기여를 하였다. IPCCIntergovernmental Panel on Climate Change(기후변화에 관한 정부간 패널)의 보고서를 보면 전 지구 평균기온 자료가 1850년경부터 제시되는데, 이 전쟁을 계기로 유럽 전역에 기상관측망이 정비되었다.

크림전쟁이 끝나고 프랑스의 파리 관측소는 1856년에 일기도를 바탕으로 예보를 할 수 있는 종관기상예보 조직을 창설했고, 1863년부터는 유럽을 대상 영역으로 하는 일기도를 매일 만들어 배포할 수 있게 되었다. 미국도 이런 조직을 1857년에 도입했다. 영국은 1860년부터 규칙적으로 일기도를 제작했고 1861년부터 매일 일기예보를 시작하였다. 네덜란드는 1860년, 오스트리아는 1865년에 폭풍 경보를 시작하였다. 이때쯤에는 유럽 대부분의 나라와 미국에 기상대가 설치되었다. 이처럼 19세기에 세계 각국에서 기상관측망이 정비되었으며, 그 결과로 일기도가 작성되고 일기예보가 시작되었다.

상층일기도

등압선 분포를 단순화한 지상일기도는 TV나 신문에서도 자주 소개되어 일반인들에게도 낯설지 않다. 그러나 상층일기도는 상층의 기상 상태를 나타낸 것으로 일반인들이 접할 기회는 좀체 없지만 예보관들이 일기예보를 할 때에는 반드시 활용한다. 또 주간예보나 중기예보, 장기예보에 필수적으로 사용된다. 상층일기도를 작성하는 원리를 이해하기 위해서는 기압과 고도 간의 관계를 알아야 한다.

오늘날 사용하고 있는 상층일기도는 정해진 기압이 나타나는 등압면을 상정해서 그 기압이 나타난 해발고도와 각종 기상요소(바람, 기온, 습도 등)를 기입하여 작성한다. 해발고도가 동일한 상공에서 여러 지점을 대상으로 기압을 관측한다면 당연히 기압이 다르게 관측될 것이다. 만약에 여러 지점에서 특정 기압(예로서 500hPa)이 나타나는 고도를 측정하고 그 고도를 사방으로 연결한 면을 만들어보면 어떻게 될까? 울퉁불퉁한 면이 될 것인데, 그 면을 등압면(이 경우엔 500hPa면)이라고 부른다.

대표적인 상층일기도인 500hPa면 일기도를 포함한 모든 상층일기도는 기압이 같은 고도를 측정하여 지도에 기입하고 고도가 같은 지점을 선으로 연결해 놓은(=등고선) 일기도이다. 기압은 위로 갈수록 낮아지므로 고기압 지역일수록 등압면의 고도 값이 크다. 그래서 상층일기도에서는 등고선이 고기압과 저기압의 분포를 나타낸다.

1986년 이래로 1월에 가장 낮은 기온이 나타났던 2021년 1월 7일의 500hPa 상층일기도를 보자. 등치선이 등고선인데, 등치선상에 제시된 숫자는 해당 수치의 고도(단위는 미터)에서 500hPa이 나타난다는 뜻이다. 등고선에 제시된 수치가 낮은 곳은 주변보다 기압이 낮은 저기압 지역이라고 생각하면 된다.

상층일기도는 850, 700, 500, 300hPa 등의 등압면에 대해서 작성한다. 이것은 중위도 지역에서는 각각 상공 1.5, 3.0,

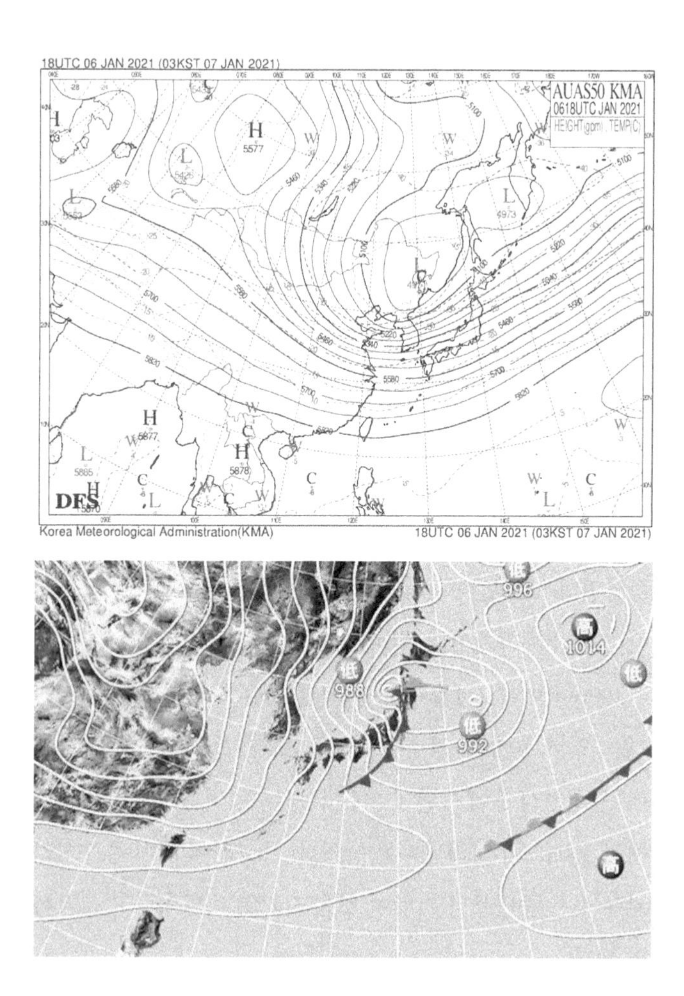

35년 만의 추위를 가져온 2021년 1월 7일의 500hPa 상층일기도와
같은 날 오전 9시의 지상일기도.

5.5, 10킬로미터 정도에서의 기상 상태를 나타내는 것으로 생각하면 된다. 2021년 1월 7일의 지상일기도를 보면, 지상일기도의 등치선은 등압선이고, 등압선의 숫자는 해당 지역의 해수면 고도에서 나타난 기압을 말한다. 따라서 이 값이 작을수록 저기압이 된다.

상층일기도에서 고·저기압의 위치는 해당 일기도(예로서 500hPa)에서 해당 기압이 나타난 고도(해수면에서 연직 방향으로 기압 500hPa이 관측되는 고도)로 나타낸다. 이 고도가 높으면 고기압, 낮으면 저기압이 된다. 날씨를 좌우하는 지상의 고·저기압의 발달은 상층의 대기 운동에 의해 지배된다. 상층일기도의 상태를 보면 지상일기도의 변화를 예측해 볼 수 있다는 말이다. 또 상층의 대기 상태는 지상보다 훨씬 단순하고 그 형태가 오래 유지되기 때문에, 상층일기도를 지상의 기압계 변화와 날씨 변화를 예상하는 데에 이용할 수 있다. 상층일기도와 지상일기도의 연계성에 대해서는 2장에서 다시 소개하기로 한다.

'기상학의 조부' 비야크네스, 일기예보의 지평을 열다

비야크네스 부자의 온대저기압의 생성과 소멸 이론

전선을 수반한 온대저기압의 생성에서 소멸에 이르기까지의 과정은 중학교 과학 교과서에서도 중요 학습 내용으로 다루고 있다. 중위도 지역에 위치한 우리나라의 강수 현상은, 여름철의 태풍(열대저기압)과 장마, 그리고 겨울철에 한파가 밀려 내려올 때에 해안가에 내리는 강설 현상을 제외하고는 전부 온대저기압에 의한 것이다.

온대저기압이 생성되고 소멸하는 과정을 이론(저기압 파동론)으로 제기한 사람은 비야크네스 부자父子이다. 아버지와 아들이 대를 이어서 20세기 초에 완성한 위대한 과학 작품

인 것이다. 손자도 기상학자의 길을 걸었지만 그는 뚜렷한 업적을 남기지 못하였다.

노르웨이의 오슬로에서 1862년에 태어난 V.비야크네스(V. Bjerknes, 1862~1951)는 베르겐 대학에서 유체역학의 대가로 이름을 알렸다. 1913년에 독일 라이프치히 대학으로 옮겨가서 지구물리학부를 창설하고 기상학 연구와 교육에 몰두하였다. 그곳에서 오늘날의 일기예보 과정과 같은 방식인, 현재의 대기 상태로부터 장래의 상태를 예보하는 방법을 찾는 것을 목표로 하였다. 그러나 제1차세계대전이 발생하여 독일에서 연구 활동을 이어가기가 어려워지자 1917년에 노르웨이의 베르겐으로 돌아갔다. 이때 장남인 J.비야크네스(J. Bjerknes, 1897~1975)와 솔베르그(H. Solberg, 1895~1977) 같은 유능한 연구자들이 함께하였다. 2년 후인 1919년에는 로스비도 합류하였다. 오늘날 기상학계에서는 V.비야크네스를 '기상학의 조부', 로스비를 '기상학의 아버지'라고 칭송하고 있다. 이렇게 해서 노르웨이 학파 또는 베르겐 학파(이하 노르웨이 학파)라고 불리는 강력한 연구 집단이 만들어졌다.

아들인 J.비야크네스는 뛰어난 과학 실력과 함께, 조직을 이끌어 가는 데에도 능력이 출중한 실무가였다. 특히 복잡한 자연현상을 간단한 물리학 용어로 설명해 내는 데에 탁

빌헬름 비야크네스(V. Bjerknes, 1862~1951).
기상학계에서는 그를 '기상학의 조부'라고 칭송한다.

월한 능력을 보였다. 솔베르그는 물리학과 수학에 출중한 능력자였다. 베르제론(T. Bergeron, 1891~1977)은 과학자이면서 동시에 예술가였다고 불릴 정도로 그림에 뛰어났다. 그래서 일기도를 작성하고 분석하는 데에 최고의 기술력과 통찰력을 보였다고 전해진다.

이러한 젊고 우수한 기상학자들을 주축으로 한 노르웨이 학파는 9개이던 노르웨이의 기상관측 지점 수를 일거에 90개 지점이나 증설시켰으며, 기구氣球, 비행기 등을 이용한 집중 관측 등 왕성한 연구 활동을 수행하였다. 그러나 상층 관측은 오늘날의 눈으로 바라보면 조잡한 수준이었다.

당시 노르웨이는 심각한 식량 부족에 빠져 있던 상황이어서, 농업과 어업 분야에 보다 나은 기상정보를 제공하고자 이들의 연구 활동을 지원했다고 한다. 그들은 남부 노르웨이에 기상관측망을 조밀하게 설치했다. 하지만 관측을 담당한 사람들은 이전에 기상관측 업무에 종사한 경험이 없는 초보자들이었다. J.비야크네스는 이들 관측자들에게 구름의 모양과 구름의 이동을 포함한 모든 기상 현상을 주도면밀하게 관측해서 보고하도록 시켰다. 그들은 이렇게 얻은 일기도상의 모는 현상을 물리적인 해석 없이 그냥 흘려보내지 않겠다는 각오를 단단히 하였다.

야코브 비야크네스(J. Bjerknes, 1897~1975).
뛰어난 과학 실력으로 노르웨이 학파를 이끌었다.
그의 온대저기압 이론은 오늘날 중·고등학교 과학 교과서에 그대로 소개되고 있다.

이런 노력의 성과로 1919년 J.비야크네스는 오늘날에도 학교 교과서에서 흔히 볼 수 있는 온대저기압 구조도를 발표하였다. 그들은 그때까지 사용되던 '기류의 합류선'이라는 단어 대신에 온난전선·한랭전선이라는 말을 처음으로 사용하기도 했다.

1922년에 J.비야크네스와 솔베르그는 '저기압의 생애와 대기대순환의 한랭전선'이라는 논문을 발표했다.* 온대저기압의 일생에 관한 모식도를 제시하는 논문이다. 이것은 전선의 발생에서부터 전선이 폐색되어 소멸하기까지의 과정인데, 1세기나 지난 지금도 중·고등학교의 과학 교과서에서 소개되고 있다. 이 논문에는 온대저기압이 발생하면 한랭전선의 후미에서 다시 새로운 저기압이 연이어서 발생하는 '저기압가족'에 대한 개념도 포함되어 있었다.

당시 노르웨이에서는 제1차세계대전으로 인해 다른 나라의 자료는 물론이고 자국의 해상 기상관측 자료도 입수할 수 없었다. 상층 관측도 규칙적으로 수행할 수 없고, 관측할

* J. Bjerknes and H. Solberg, "Life cycle of cyclones and polar front theory of atmospheric circulation", *Geofysiske Publikasjoner, 3(1)*(Oslo: Norske Videnskaps-Akademi, 1922), pp. 1~18.

수 있는 공간 규모도 대단히 제한적이었다. 따라서 대기의 3차원적 구조 파악을 위해 필요한 기온과 습도, 연직 분포와 같은 정보는 지상에서 눈으로 관측한 구름의 모양·고도·이동속도 및 강수의 종류, 시정視程 등의 자료를 이용하여 간접적으로 추정해 보는 수밖에 없었다.

당시의 열악한 사정에도 불구하고, 오늘날까지도 일기예보에 사용되는 기본적인 방법론은 노르웨이 학파의 열정과 뛰어난 천재성(통찰력)에 힘입어 만들어졌다.

극전선대와 저기압가족

전선을 수반하는 온대저기압이 발생하면 그것의 서쪽에 새로운 저기압이 발생한다. 새로이 생겨난 저기압은 다시 그 다음의 저기압을 발생시킬 조건을 만들어서 마치 가족과 같은 저기압 계열이 형성되는 경우를 종종 볼 수 있다. 장마철 우리나라 주변에서는, 장마전선의 서쪽 끝에서 온대저기압이 발생하고 나면 같은 형태의 저기압이 연이어 생겨난다. 이렇게 저기압의 모체가 되는 전선의 경계면은 북쪽의 한대기단과 남쪽의 (아열대 고기압에서 저기압 쪽으로 공급되는) 따뜻한 공기 사이를 분리하는 모양이 되는데, 이것을 극전선대polar front라고 한다. 극전선대를 한대전선대라고 소개하고 있는 교과서도 많다.

저기압이 한대전선상에서 발생할 때에는 3~5개 정도가 잇달아 발생하는데(그림에서 점선으로 나타낸 것이 개개의 저기압이다), 이들 일련의 파동 모양 저기압들을 합쳐서 '저기압가족'이라고 한다. 한대전선상에서 처음 발생했던 저기압이 노쇠기에, 그 다음에 생성되었던 것은 폐색기에 접어들고, 그 다음 것은 최성기, 그 다음 것은 발달기, 또 그 다음에 발생한 것은 발생기가 되어 있는 것을 볼 수 있다. 그리고 하나의 저기압가족과 그 다음에 생성되는 저기압가족 사이에 북쪽으로부터 강한 한기가 침입한다. 이와 같이 저기압가족은 중위도 온대지방에서 북쪽(한대)의 한기와 남쪽(아열대)의 난기를 혼합시켜 고 · 저위도 간의 큰 기온차를 줄이는 역할을 한다. 저기압가족의 전방(북동쪽) 상공에는 온난한 기압능이, 후방(남서쪽)에는 한랭한 기압골이 위치한다. 이들을 하나의 저기압가족이 통과하는 데에는 대략 5~6일 정도 걸린다.

극전선대상에서 형성된 저기압가족(저기압 계열)은 새로운 것일수록 보다 서쪽의 한랭전선 끝부분에서 만들어진다. 그러므로 새롭게 만들어지는 온대저기압은 점점 더 남쪽에 위

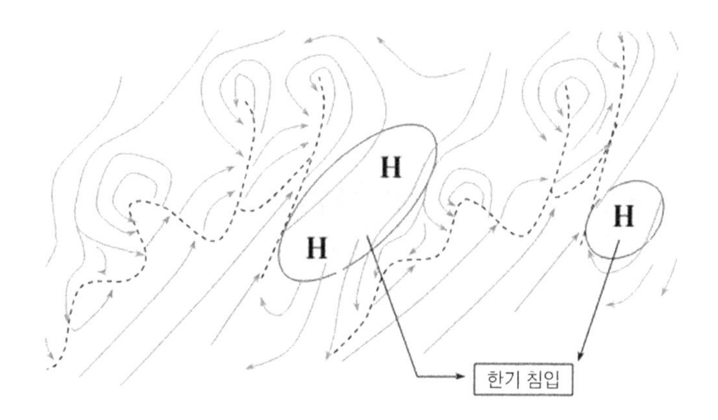

저기압가족의 모식도. 점선으로 나타낸 것이 개개의 저기압이다.
저기압이 한대전선상에서 발생할 때에는 3~5개 정도가 잇달아 발생하는데,
이들 일련의 파동 모양 저기압들을 합쳐서 '저기압가족'이라고 한다.

치하여, 나중에는 아열대 고기압 영역에서도 볼 수 있다. 이런 과정을 반복하면서 연이어 저기압이 발생한다. 일반적으로 네 개 정도의 저기압이 생겨 가족을 이루는 경우가 많다.

이러한 발견은 일기예보를 더 긴 기간에 걸쳐 높은 정확도로 할 수 있도록 하는 데에 기여하였다. 1922년에 나온 노르웨이 학파의 논문에 이런 내용이 소개되었다. 중고등학교 교과서에 온난전선과 한랭전선이 다가올 때에 어떤 구름이 순차적으로 나타나는지를 소개한 그림이 있는데, 이것도 이들이 하늘을 관측하여 얻은 결과로 같은 논문에 소개되고 있다. 변변한 기상관측 장비도 없이 맨눈으로 하늘을 관측하여 얻은 자료를 바탕으로 제시한 노르웨이 학파의 연구 성과는, 훗날 지상과 상층에 걸쳐 기상관측망이 정비되고 이론물리학이 발달한 후에 기상학자들이 재차 파악한 결과와 대체로 일치했다.

온대저기압의 일생과 노르웨이 학파

노르웨이 학파가 말하는 저기압 발달 단계를 좀더 상세히 알아보자.

첫 단계로, 극전선을 경계로 북쪽의 차가운 공기와 남쪽의 따뜻한 공기가 서로 다른 방향(찬 공기는 서쪽, 따뜻한 공기는 동쪽으로)으로 불고 있다고 하자. 시간이 지나면 이 극전선에 파동이 생기고 점차 파동의 진폭이 증폭되어 간다. 여기서 말하는 파동이라는 것은 처음에는 서쪽과 동쪽으로 직진해 가던 북쪽의 냉기와 남쪽의 난기가 남북 방향으로 오가면서 흐르게 되는 것을 말한다. 시간이 지날수록 이 진동이 커지다가 결국 저기압 중심의 앞에 위치한 난기는 남쪽에서 북쪽으로, 저기압 중심의 뒤에 있는 냉기는 북쪽에서 남쪽으로 불어 내려오게 된다.

북쪽으로 이동하는 밀도가 작은 난기는 진행 방향에 위치하여 장해가 되는 밀도가 큰 한기 위를 타고 올라간다. 이 난기와 냉기의 경계면이 지표면과 이루는 경계선을 온난전선이라고 부른다. 반대로 저기압 중심 뒤쪽에서는 냉기가 난기 아래로 파고들어 한랭전선을 만든다. 이러한 저기압 구조에서는, 온난전선을 따라서는 넓은 영역에 걸쳐 구름이 생기고 비가 내리며, 한랭전선을 따라서는 좁은 범위에서 수직으로 발달하는 구름이 생성되고 강한 비가 내린다. 이것은 오늘날에도 기상학의 기초 개념을 묻는 각종 시험에서 단골로 출제되는 소재이다.

발달 단계에서 전선의 이동 방향은 북동쪽이 일반적이다. 중심 기압은 낮아지고 바람은 점차 강해진다. 한랭전선의 이동이 온난전선보다 빠르게 진행되기 때문에 결국 한랭전선이 온난전선을 따라잡게 된다. 이 시기에 온난전선과 한랭전선 사이에 놓여 있던 난기는 지표를 떠나서 상공으로 올라가는데, 이것을 폐색이라고 부른다. 이 단계에서 저기압의 발달이 정점에 도달했다고 할 수 있다.

이때 한랭전선 뒤쪽의 한기가 온난전선 아래로 파고들어가는 한랭형 폐색전선과, 온난전선 앞쪽의 한기가 더 차가워서 한랭전선이 온난전선 위로 타고 올라가는 온난형, 그리고 양쪽의 한기에 온도 차가 없는 중립형, 이렇게 세 가지 종류의 폐색전선이 생길 수 있다. 그러다 난기가 지표에서 사라져 버리면 지표는 전부 냉기로 덮이고 저기압도 쇠약해져 일생을 마치게 된다. 이것도 고교 지구과학 시험에서 자주 출제되는 개념 중 하나이다.

노르웨이 학파가 가졌던 대기에 대한 연구 태도는 기상학의 발전에 큰 기여를 하였다. 17세기에 고전역학의 기틀을 만든 뉴턴(I. Newton, 1643~1727) 이래 대기 현상들을 물리법칙을 사용하여 설명하고자 하는 시도가 이어졌고, 기압이 고도에 따라 감소하는 비율에 관한 이론, 상승한 공기가 단열 팽창하고 냉각되어 구름과 비를 만든다는 이론 등이 자리를 잡아갔다. 그렇지만 기상학 역사에서 V.비야크네스만큼 철저하게 유체역학과 열역학을 바탕으로 대기 현상을 설명하고자 한 사람은 그 이전에는 없었다.

노르웨이 학파의 일기 해석의 주도면밀함도 오늘날까지 이어지고 있는 위대한 점이다. 가능한 완전히 현재의 대기 상태를 파악한다는 태도가 그들의 신조였다. 베르제론은 지상일기도에 바람, 기온, 구름, 비 등 가능한 모든 자료를 기입하였는데, 그 이전의 일기도엔 등압선만 있었다.

비야크네스와 같은 방식으로 일기도를 일정 시간 간격으로 작성해 가면 특정 지역의 기상 현상이 이동하면서 변해 가는 과정을 파악할 수 있다. 그렇게 파악된 변화가 일정 시간 동안 계속 이어질 것이라고 가정하면 일기예보가 가능해진다. 이것이 일기예보의 원리이다.

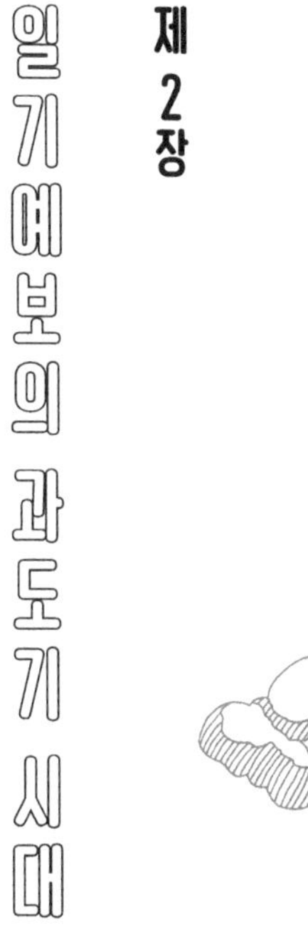

제 2 장

일기예보의 과도기 시대

일기예보를 만든 사람들

갈릴레이가 온도계를, 토리첼리가 기압계를 고안해 냄으로써 기상요소들이 관측의 대상이 될 수 있었다. 그 후 많은 용감한 사람들이 목숨을 걸고 열기구를 타기도 하고, 기구에 관측 장치를 달아보기도 하면서 지상만이 아니라 상층의 기상 상태도 관측할 수 있는 결실을 얻게 되었다. 뿐만 아니라 브란데스와 비야크네스 등이 가진 비범한 천재성과 열정에 힘입어 일기예보의 실체가 드디어 모습을 드러냈다. 갈릴레이와 토리첼리 이후 약 3백 년의 세월이 걸린 것이다.

일기예보는 1940년대 이후 비약적으로 발전을 한다. 이 시대의 주인공은 로스비와 그의 제자들이었다. 기상 현상을 물리학 법칙으로 설명

해 냈으며, 대기 운동과 대기 물리학(구름물리와 대기복사학) 분야에서 방정식 체제를 완성함으로써 일기예보를 사람의 경험에 의존하지 않고 컴퓨터를 이용한 수치 계산으로 수행하는 꿈을 꿀 수 있는 토대가 만들어졌다. 이 장에서는 이 시대를 열어 간 사람들과 그들의 업적을 이야기한다.

'기상학의 아버지' 로스비, 대기 운동의 연결 고리를 찾아내다

로스비와 시카고 학파

V.비야크네스는 라이프치히 대학에서 인재를 기르고 그들과 함께 노르웨이의 베르겐 대학으로 옮겨 가서 일기예보의 터전을 닦았다. 그래서 후대의 기상학자들은 비야크네스를 '기상학의 조부'라고 칭송하며, 그들 기상 연구자 집단을 노르웨이 학파라고 부른다고 1장에서 소개했다.

이 학파에 참여했던 로스비(C. G. Rossby, 1898~1957)는 1898년 스웨덴의 스톡홀름에서 태어났다. 스톡홀름 대학을 졸업한 후에는 베르겐 대학과 독일의 라이프치히 대학에서 연구 활동을 하였다. 천문학, 수학, 물리학(역학)을 공부하고 비야크네스 문하에 들어갔는데, 들어갈 당시에는 기상학 공부를 한 경험이 없었다.

로스비는 V.비야크네스 문하에서 십 년가량 연구 활동을 한 후에 1926년에 구겐하임 기념 재단의 연구비를 받아 특별연구원fellowship 자격으로 미국으로 건너갈 수 있었고, 이를 계기로 운명적이라고 할 정도로 위대한 업적을 남기게 된다. 1926년에 미국으로 건너간 로스비는 미국 기상청에서 항공기상분야 연구원으로 활동했는데, 이때 샌프란시스코와 LA 사이의 항공로 개발을 성공시켜 명성을 얻었다. 1928년에 MIT 대학에 구겐하임 항공연구소가 만들어지고, 주로 해군 항공사관생들의 훈련을 목적으로 대학원에 기상학 전공이 개설되었다. 로스비는 미국 기상청에서의 업적을 평가받아 이곳에 교수로 부임하여 대기열역학과 대기 및 해양역학을 담당하였다. 이때 오늘날에도 기단 특성 분석에 널리 사용되는 '로스비도圖'를 발명하는 위대한 업적을 올렸다. 이를 통해 사람들이 비로소 대기의 대규모 운동을 제대로 이해할 수 있게 되었다.

1939년에는 미국 기상청 차장으로서 일기예보 체제를 확립하는 연구·개발 업무를 지휘하기도 하였다. 이 기간 동안에 다양한 기상학 분야에서 독창적이면서도 뛰어난 업적을 많이 남겼다. 제2차세계대전 기간 동안에는 군의 기상 담당 고문을 맡기도 하였다. 1943년에는 시카고 대학에 기상학부를 설치하고 학부장을 맡았다.

시카고 대학에서 십 년간 그가 달성한 성과는 눈부실 정도였는데, 이 시기에 로스비와 함께한 기상학자 집단을 '시카고 학파'라고 부른다. 대표적인 기상학자들을 살펴보면, 차니, G.크레스맨, D.펄츠, E.팔멘, H.리엘 등 기라성 같은 학자들이 망라되어 있다. 로스비는 '기상학의 아버지'라고 불릴 정도로 존경받게 되었고, '로스비 상'은 기상학 발전에 공로가 큰 학자들에게 수여되는 최고의 상이다.

시카고 학파의 업적은 기상학에 혁명적 근대화를 가져왔다는 평가를 받았으며, 이들의 성과가 오늘날의 수치예보 시대를 열었다. 로스비는 시카고 대학에서 십 년간의 시간을 보낸 후에 스웨덴으로 돌아가 스톡홀름 대학에서 마지막 연구 생활을 하였다. 전 세계에서 수치예보를 제일 먼저 도입한 나라가 스웨덴인데, 그것은 전적으로 로스비의 연구에 힘입은 덕분이었다. 그는 가는 곳마다 우수한 기상학 인재를 양성했고 기상학사에 남을 만한 위대한 연구 업적을 많이 남겼다. 시카고 학파가 이룩한 업적 중의 백미는 제트기류(편서풍 파동)의 역할을 이론적으로 확립한 일이다.

로스비의 업적

로스비는 그의 스승인 V.비야크네스와 마찬가지로 기상학 분야의 뛰어난 이론가이면서 동시에 그 이론이 사회에 유용하게 활용되어야 한다고 생각한 사람이었다. 그는 평생 일기예보 기술의 발전을 위해 연구에 몰두했을 뿐만 아니라 기상정보를 농업에 활용하는 문제, 기후변화 문제, 그리고 대기오염 문제를 포함한 대기화학에 관해서도 큰 업적을 남겼다. 또 원자력발전소에서 배출되는 핵폐기물이 해양에 투기될 경우 그것이 자연에 어떻게 전달되는지 파악하기 위해, 해양의 심층 순환과 지구의 물 순환 과정을 규명하는 데에도 족적을 남겼다.

로스비가 V.비야크네스와 닮은 또 하나의 소질은 능력이 출중한 연구자들을 모으고 조직을 이끄는 리더십이었다. 현대 기상학을 구축하는 데에 결정적 역할을 한 다수의 대형 연구 프로젝트를 입안하고 수행하면서 출중한 제자들을 배출하였다. 자연현상에 대한 상상력, 직관력, 통찰력이 남달랐던 로스비는 이루 헤아릴 수 없을 정도로 많은 연구를 시작했는데, 그런 과제들이 제자들에 의해 더욱 발전되고 정리되어 20세기에 기상학의 역사를 이뤘다. 그래서 후대 사

카를 구스타프 로스비(C. G. Rossby, 1898~1957).
자연현상에 대한 상상력, 직관력, 통찰력이 남달랐던 로스비는
수많은 연구를 했으며, 20세기에 달성한 기상역학과 종관기상학의
황금시대를 열었다고 평가받는다.

람들은 20세기에 달성한 기상역학과 종관기상학의 황금시대를 로스비의 업적이라고 칭송하고 있다.

편서풍 파동과 지상 기압계의 관계

1930년대 후반부터 상층 기상관측이 전 세계에서 정기적으로 수행되었다. 이렇게 얻은 자료를 분석해서 지상관측이나 가끔 수행한 상층 관측 자료로는 알 수 없었던 상층대기 운동의 실체를 파악할 수 있게 되었다. 이 분야의 연구는 특히 로스비가 이끈 미국 시카고 대학의 연구진들이 주도했다.

로스비가 남긴 탁월한 연구 업적 중에서 가장 중요한 것은 중위도 편서풍대에 존재하는 파동 현상 연구이다. 북반구 500hPa(해발고도 5km 내외) 상층일기도를 살펴보면 중위도에서 북극까지 등고선의 고도 값(500hPa이 나타나는 고도)이 극으로 갈수록 낮아짐을 확인할 수 있다. 그리고 등고선은 남북으로 사행하면서 지구를 일주한다.

그런데 바람이 부는 원리에 따르면 북반구 상층의 바람은 등고선 고도값이 높은 쪽을 우측에, 낮은 쪽을 좌측에 두고

지구의 에너지 평형을 만드는 편서풍 파동

고교 지구과학 기상학 부문에서 공부하는 가장 중요한 개념은 편서풍 파동이다. 그 이유는 편서풍 파동을 알아야 지상의 기압계 변화, 그리고 기후변화로 더욱 심각해져 가는 이상기후 현상도 이해할 수 있기 때문이다.

편서풍은 상공 대기에서, 서쪽에서 동쪽으로 지구를 감싸고 부는 거대한 대기의 흐름이다. 온대 지방의 대다수 지역은 편서풍의 영향권에 포함된다. 편서풍은 강물처럼 특정 범위 내에서 마치 거대한 물결같이 흐른다. 그 경로는 뱀이 나아가듯 남북으로 크게 꿈틀대는 것처럼 보인다(이를 사행이라고 부른다). 그리고 시간이 지남에 따라 나아가면서 흔들거리는 정도와 모양이 변한다. 이러한 현상을 '편서풍 파동'이라고 하는데, 이를 '대기의 강'atmospheric river이라고 부르기도 한다. 편서풍 파동에서 풍속이 가장 강한 중심 부근의 흐름을 '제트 기류'라고 부른다.

편서풍 파동을 알고자 할 때는 흔히 기구를 공중에 높이 띄워 놓고 편서풍에 실려 흘러가는 길을 관찰하는 방법을 쓴다. 그렇게 기구를 추적해 보면 기구가 대략 십여 일 만에 한 바퀴씩 서쪽 방향으로 지

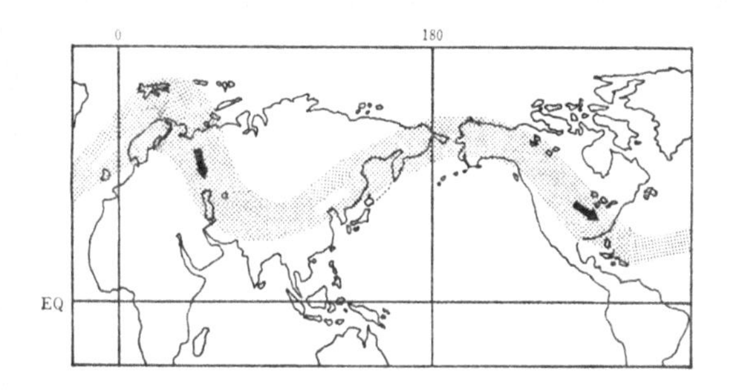

구를 일주하는 것을 알게 된다.

편서풍 파동의 발생 원인은, 지구가 둥글기 때문에 중위도(대략 위도 38도)를 경계로 저위도에서는 복사에너지가 과잉되고 고위도에서는 부족해지는 것에 있다. 편서풍 파동은 고위도 지방과 저위도 지방 간에 존재하는 복사에너지의 불균등을 해소하는 역할을 담당한다. 즉, 편서풍 파동으로 고위도 지방의 찬 공기가 저위도 지방으로 내려가고, 저위도 지방의 따뜻한 공기는 고위도 지방으로 올라가므로 고·저위도 간에 열 교환이 생긴다.

서 등고선에 거의 나란하게 분다(지균풍). 따라서 상층 바람은 북극을 중심으로 하여 서에서 동으로 큰 소용돌이를 이루면서 지구를 회전하고 있음을 알 수 있다. 그러나 등고선이 위도에 나란한 것이 아니라 남북으로 사행하는 모양이기 때문에 상층 바람은 남북 방향으로 방향을 바꾸어 가면서 서에서 동으로 불고 있는 것이다. 결과적으로, 어떤 경도에서는 바람이 북동쪽으로 불고 그곳에서 2천~3천 킬로미터 떨어진 경도에서는 다시 남동쪽으로 풍향이 변해 가면서 지구를 일주한다. 이것을 편서풍 파동이라고 한다.

상층일기도에서 등고선이 남쪽으로 뻗어 있는 곳은 동일 고도에서 같은 위도대의 주변보다 기압이 낮은 곳이기 때문에 '기압의 곡'(기압골)이라고 부른다. 반면에 등고선이 북쪽으로 뻗어 있는 곳은 기압의 곡과 반대로 주변보다 기압이 높아서 '기압의 능'(기압능)이라고 부른다. 그리고 기압의 곡이나 능은 하루에 평균 약 10도 정도씩 동쪽으로 이동하면서 지상의 일기 상태에 영향을 미친다. 기압의 능이 위치하는 곳은 저위도의 뜨거운 공기가 북상한 곳이어서 주변보다 기온이 높고, 곡이 위치하는 지역은 북쪽의 찬 공기가 남하한 곳이어서 주변보다 기온이 낮다. 최근 기후변화의 영향으로 세계 곳곳에서 이상기후 현상이 많이 발생하고 있는

데, 이런 현상들이 나타나는 원인은 북극권의 기온이 크게 상승하여 고·저위도 간에 기온 차이가 줄어들고 그로 인해 편서풍 파동이 증폭되는 것에 있다. 이러한 이유로 모스크바의 겨울철 기온이 서울보다 높게 나타나기도 하고 미국의 플로리다나 동남아시아의 저위도 지역에 매서운 한파가 몰아치기도 한다.

상층일기도에 보이는 기압의 곡은 지상일기도에 나타나는 온대저기압의 발달 및 이동과 밀접한 관계에 있다. 어떤 지역의 상층에 기압의 곡이 나타나면 그보다 약간 동쪽에 위치하는 온대저기압을 지상일기도에서 볼 수 있다. 역으로 지상일기도의 어떤 지역에 저기압이 발달하면, 지상 저기압보다 서쪽에서 동쪽으로 이동하는 기압의 곡을 상층일기도에서 볼 수 있다. 이 개념은 우리나라 고등학교 지구과학 기상학 부문에서 가장 중요하게 가르치고 있으며 수능에서도 매년 빠짐없이 문제가 출제되고 있다.

1939년에 로스비는 고도 약 5킬로미터 상공의 편서풍 파동이 진행하는 원리를 '헬름홀츠의 정리'Helmholtz Vorticity Theorem를 이용해서 간단히 설명할 수 있음을 보였다. 이 방정식은 서에서 동으로 부는 상층기류가 남쪽 또는 북쪽으로 방향이 바뀌는 상황이 되더라도 곧 원래 불던 위도대로 복귀하게 된다는 것을 알려준다. 이 헬름홀츠의 정리는 뉴턴의 운동방정식(F=ma)으로부터 유도된 방정식이다. 로스비의 이 업적은 기상 현상에 관계하는 대규모의 대기 운동이 간단한 물리법칙에 따르고 있다는 점을 최초로 제시하였다는 평가를 받고 있다. 그 이전에는 기상 현상을 뉴턴역학으로 설명한 사례가 없었다.

또 로스비는 상층 편서풍 파동이 지상의 고·저기압을 생성·발달시킨다는 사실도 질량보존의 법칙을 이용해서 간단히 증명해 보였다. 이 개념도 요즘엔 고교 지구과학 교과서에서 다루는 보편화된 지식이지만, 이 사실이 밝혀짐으로써 물리학 이론에 근거한 일기예보가 시작될 수 있었다.

오늘날 일기예보의 근간이 되고 있는 수치예보는 컴퓨터를 통해 운동방정식의 해를 얻는 과정이다. 그 자료로는 지상 및 상층의 기상관측을 통해서 얻은 현재의 기상 상태와, 실제와 부합하는 지표면 조건 등을 이용한다. 이러한 방식의 일기예보도, 기상 현상의 변화를 뉴턴의 운동방정식으로 설명하기를 제시한 로스비의 업적 덕분에 가능했다고 할 수 있다.

뿐만 아니라 오늘날에도 기상예보관들이 수일 내의 지상 날씨 변화를 예측할 때에는 상층일기도를 활용하는데, 이

때 이용되는 지식은 로스비가 밝힌 상층 편서풍 파동과 지상 저기압 발달의 관계에 바탕을 두고 있다.

편서풍 파동 내 제트기류

기압 분포와 풍향 간의 법칙인 '바위스 발롯의 법칙'Buys Ballot's Law이 나온 것이 1860년이었는데, 이것은 고등학교 지구과학 교과서에서 소개하는 지균풍방정식을 페렐이 이론적으로 유도해 낸 시기와 거의 같다. 지균풍이란 등압선에 나란하게 직선 방향으로 부는 바람을 뜻한다. 지구상의 바람 분포가 지균풍에 가깝다는 사실을 알아낸 것은 기상학 역사에서 가장 중요한 업적 중의 하나이다. 상층 기압의 분포는 기온에 의해 결정되는데, 고온 지역일수록 고도 증가에 따른 기압 감소가 작아져서 고기압이 되기 때문이다. 따라서 지상의 기압과 기온 분포를 알게 되면 상공의 바람을 추정할 수 있다. 이 지식의 확립으로 기온의 상승과 하강을 예보할 수 있게 되었다.

이러한 이론 덕분에 관측을 통해서 확인하기 이전에도 강한 서풍이 중위도 상공에 존재할 것이라고 추측하고 있었다. 그런데 제2차세계대전 중에 유럽과 일본 상공을 정찰하던 전투기 B-29가 상공에서 초속 70미터(시속 250km 이상)가 넘는 강풍을 만나면서 제트기류의 실상이 세상에 드러났다. 이 정도의 바람은 슈퍼태풍 내에서도 좀체 관측되지 않는 강풍이며 KTX 열차의 속력에 버금가는 빠르기이다. 제트기류는 편서풍 파동 내 파동의 중심부에서 나타나는 일정 속력 이상의 강풍을 말한다.

제트기류의 역할은 편서풍 파동에서 소개한 바와 같이 지상에 고·저기압을 만들어 내고 고위도와 저위도 간의 에너지 불균형을 해소하는 일이다. 이상기상 현상의 직접적 원인은 이 제트기류가 평상시와 다른 양상을 나타내는 데에 있다. 그리고 제트기류가 이상한 양상을 보이게 되는 원인은 엘니뇨와 같은 자연 주기 현상이나 지구온난화 현상에 따른 전 지구적 에너지 수지 관계의 변화에서 찾을 수 있다.

편서풍 파동이 기후에 미친 사례 — 2020년 여름철 폭우

우리나라를 포함한 동아시아의 2020년 여름 기후를 말하려면 반드시 언급해야 하는 것이 시베리아 열파이다. 북위 60도 부근에 위치한 시베리아 북부 베르호얀스크를 중심으로 광범위한 지역에서 1월부터 평년보다 기온이 5℃ 이상 높은 이상고온 현상이 6개월 이상 지속되었다. 이 지역의 기온이 절정에 다다른 날은 6월 20일로 38℃를 기록하였다. 이러한 고온 현상으로 인하여 영구동토층이 녹고 건물이 붕괴되었으며 산불 피해도 심각하였다.

시베리아의 고온은 2020년에 갑자기 나타난 현상은 아니다. 기후변화의 위협이 중·고위도 지역에까지 본격적으로 현실에 드러나기 시작한 2000년대 이래 평년보다 기온이 2℃ 이상 높은 고온 현상이 자주 나타나고 세계에서 가장 넓은 삼림지대인 시베리아에 산불이 발생하기 시작하였다. 특히 2020년의 열파가 가장 심각하였다. 2020년 시베리아 고온 현상을 연구한 영국 옥스퍼드대 환경변화연구소 소장 프리데리케 F.오토는 "기후변화로 인한 전 세계의 열파 현상이 본질적으로 얼마나 변했는지를 재차 확인시켜 준 사건이다"라고 지적하였다.* 열파가 중·저위도를 넘어서 극지방으로까지 확대되었다는 말이다.

고위도 지역의 고온화는 태양복사에너지 반사율이 높은

* *The Guardian*, 2020. 7. 15.

얼음을 녹이기 때문에 복사에너지를 많이 반사하여 지표의 고온화를 억제하는 동토의 긍정적인 피드백 루프를 파괴하고, 세계 최대의 숲이 있는 시베리아에 발생하는 산불의 범위와 강도를 높이게 된다.

실제로 2020년 시베리아의 산불은 4월에 이례적으로 일찍 시작되었고, 그 이전의 해에 비하여 보다 북쪽으로 확대되었다. 6월 중순 이후 화재 규모는 그 이전에 비하여 두 배 이상 늘어 100만 헥타르를 넘어섰는데, 이 산불로 이산화탄소 5억 9천만 톤이 방출되어 사상 최고를 기록했다. 이것은 우리나라의 연간 온실가스 배출량(약 70메가톤)에 버금가는 막대한 양이다. 툰드라 지역의 해빙은 동토의 지하에 저장된 메탄하이드레이트로부터 이산화탄소보다 훨씬 강력한 온실효과를 발휘하는 메탄을 대량 방출시킨다. 게다가 이 메탄이 산불의 발생을 조장하고 확대시킨다.

고위도에 위치한 시베리아의 고온화 현상은 지구온난화로 북극권의 기온이 빠르게 상승하여 중·저위도 지역과의 기온차가 감소한 것과 밀접한 관련이 있다. 북극권의 기온이 상승한 결과 북극권과 중위도 간의 기압차가 줄어들면 편서풍 파동의 남북 방향 진폭이 증폭하게 된다.

그림에 2020년 4월의 북반구 500hPa 평균 등고선을 제시

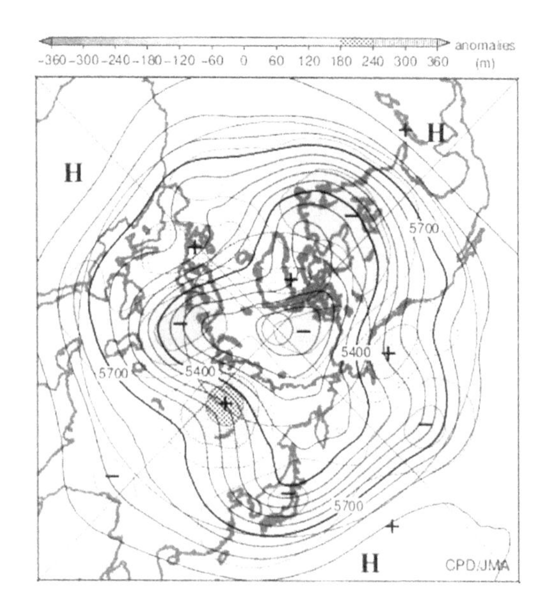

2020년 4월의 북반구 500hPa 평균 등고선 분포(『天氣』 6월호).
베링 해에서 우리나라 쪽으로 거대한 기압골이 만들어져 북극권의 찬 공기가
자리 잡았다. 우리나라 북북서쪽 북위 60도 부근에는 기압능이 자리 잡고 있다.
이곳이 문제의 시베리아 열파가 기승을 부린 곳이다.

하였다. 베링 해에서 우리나라 쪽으로 거대한 기압골이 만들어져서 북극권의 찬 공기가 자리 잡았다. 반면에 우리나라 북북서쪽 북위 60도 부근에는 기압능이 자리 잡고 있다. 이곳이 문제의 시베리아 열파가 기승을 부린 곳이다.

편서풍 파동에서 가장 안정된 파수는 4(파고나 파저가 4개)이므로 시베리아 지역의 고온화(기압능의 강화)는 그곳으로부터 동쪽으로 2천~3천 킬로미터 떨어진 동아시아 쪽의 기압골을 강화시킬 수 있다. 편서풍 파동대 북쪽에 있는 저온의 공기덩어리가 한쪽에서 힘을 받아 수축되면(기압능의 강화) 찬 공기는 다른 방향으로 옮겨가게 되는 것이다(기압골의 생성). 이러한 기압 유형이 2020년의 경우에는 1월부터 정착되어 여름까지도 이어졌다.

시베리아 열파로 강화된 동아시아 상공의 찬 공기는 장마전선의 북상을 막았을 뿐만 아니라, 장마전선이 남쪽 먼 해상에 머물러 있던 7월에는 전선의 서쪽에서 자주 전선 파동을 일으켜서 온대저기압이 우리나라를 지나며 강한 비를 내리게 만들었다. 이 온대저기압은 동해로 확장한 오호츠크해고기압에 막혀 우리나라에서 폐색되어 소멸하기도 하였다. 그렇게 동쪽으로 빠져나가는 속도가 느린 만큼 특정 지역에 많은 비를 내리는 경우가 잦았다.

8월이 되어 북태평양고기압 세력이 더욱 강해져 북쪽으로 팽창하였고, 장마전선이 북상하여 북쪽의 찬 공기 세력과 팽팽하게 대치하면서 남북으로 오르내렸다. 두 공기 세력이 강하게 대치하는 만큼, 타이완 앞바다에서 북태평양고기압의 서쪽 가장자리를 따라 수증기가 장마전선으로 많이 유입되었다. 이 수증기 유입대를 '대기의 강이'라고 부르는데, 좁은 전선대에서 강한 비구름을 생성해 역대급 폭우를 만들었다.

일반적으로 장마전선대를 따라서 내리는 강수대는 남북 방향이 100킬로미터 내외로 넓은 편이지만 2020년 8월에 내린 강수대는 그보다 훨씬 좁고 강력했다. 그래서 장마전선대 부근에는 폭우, 그 남쪽에는 고온 현상이 나타났다.

마르굴레스,
저기압의 에너지원에 답하다

마르굴레스의 온대저기압 발달 이론

규모가 수천 킬로미터에 이르는 온대저기압의 에너지는 엄청나다는 것을 짐작할 수 있는데, 이 막대한 에너지는 도대체 어디에서 오는 것일까? 선풍기로 좁은 방안에 바람을 발생시키는 데에도 적잖은 전기에너지가 소비된다는 것을 생각해 보라. 온대저기압의 직경은 평균 4,000킬로미터이며 지표에서 대류권까지의 고도는 약 12킬로미터이다. 이 영역 내에 포함되는 공기의 질량은 대략 80조 톤에 이른다. 자연은 이렇게 거대한 물체를 움직일 수 있는 에너지를 어떻게 만들고 있을까?

이 중대한 문제에 처음으로 올바른 답을 한 사람이 오스트리아 비엔나 대학의 마르굴레스(M. Margules, 1856~1920)인데 1903년의 일이었다. 그가 제시한 답은 대기가 갖는 위치에너지가 저기압의 운동에너지로 전환된다는 것이었다.*

우선 위치에너지의 개념에 대해 살펴보자. 산으로 둘러싸인 계곡에 있는 수력발전소를 생각해 보자. 수력발전소에서는 상류 댐에 갇혀 있던 물이 수압관을 통해 낙하하면서 발전기의 터빈을 회전시켜 전기를 발생시킨다. 생산된 전기는 전선을 따라서 가정과 산업체로 전송되어 다양한 일을 한다. 가정으로 전송된 전기는 선풍기를 회전시킨다든가 전기스토브가 열을 낼 수 있게 한다. 이런 과정을 에너지라는 용어를 이용해서 말하자면, 댐에 갇혀 정지해 있던 물($v=0$)은 운동에너지($=\frac{1}{2}mv^2$)를 갖지 않지만 고지대에 위치하기에 위치에너지($=mgh$)를 갖는다. 이 물이 갖고 있던 위치에너지는 물이 낙하를 시작하면 운동에너지로 전환되는데, 아래로 떨어질수록 낙하 속도가 점차 빨라져 더욱 큰 운동에너지를

* M. Magules, "On the energy of storms", *The mechanics of the earth's Atmosphere: A collection of Translations* by Cleveland Abbe(Washington D.C.: Smithsonian Inst., 1903), pp. 533~595.

갖게 된다. 이윽고 발전기의 터빈에 물이 부딪히면 물의 운동에너지는 터빈의 운동에너지가 되어 발전이 이루어진다. 이와 같이 모든 물체가 중력의 영향을 받는 지구상에서는 높은 곳에 있다는 사실만으로 위치에너지를 갖는다. 그리고 그 물체가 낮은 곳으로 이동하면 변한 높이 차이에 비례하여 위치에너지를 잃는다. 이것은 중·고등학교 과학 교과서의 물리학 부문만이 아니라 수학의 미적분 부문에서도 다루고 있는 문제이다.

마르굴레스는 대기 중에서 위치에너지가 운동에너지로 전환되는 과정을 다음과 같이 생각하였다. 밀도가 다른 공기가 수직으로 가로놓인 벽을 경계로 나란히 위치해 있다고 가정한다. 이어서 이 벽을 제거하면 어떤 일이 발생할까? 무거운 공기는 가벼운 공기 아래로 파고들고 가벼운 공기는 무거운 공기 위로 타고 올라가게 될 것이다. 만약 두 공기의 경계에서 혼합이 발생하지 않는다고 가정한다면 결국 최종적으로는 무거운 공기가 가벼운 공기의 아래에 위치하는 양상으로 변할 것이다.

처음과 마지막 상태를 비교해 보면 두 개의 공기 전체가 갖는 위치에너지는 명확히 감소하였다. 무거운 공기는 전부 아래에, 가벼운 공기는 전부 위에 위치하게 되었기 때문

막스 마르굴레스(M. Margules, 1856~1920).
대기가 갖는 위치에너지가 저기압의 운동에너지로 전환된다는
온대저기압 발달 이론을 정립했다.

이다. 이렇게 감소한 위치에너지가 운동에너지로 전환된다. 자연계는 위치에너지를 최소로 하고 운동에너지를 최대로 하려는 성질이 있는데, 이 성질의 원천은 지구 중력이다. 지구는 무거운 물체일수록 더 강하게 지구 중심 방향으로 잡아당기므로 밀도가 큰 유체일수록 더 아래에 놓여야 한다.

이러한 상황을 실제 대기에서 찾아볼 수 있다. 즉 고위도에는 한랭한 무거운 공기가, 저위도에는 온난한 가벼운 공기가 있다. 이 두 공기가 중위도에서 만나 저기압 중심의 동쪽에서는 온난한 공기가 북상하면서 전면에 위치해 있던 한랭한 공기 위로 상승하고, 서쪽에서는 한랭한 공기가 남하하면서 전면의 온난한 공기 아래로 파고드는 상황이 발생한다. 결국 두 공기 전체의 위치에너지는 처음 상태에 비하여 감소하게 된다. 이러한 과정에서 감소한 위치에너지가 운동에너지로 전환되어 온대저기압을 유지하고 있는 것이다.

시간이 충분히 지나면 북쪽 찬 공기는 하층에, 남쪽의 고온 공기는 상층에 위치하게 되면서 폐색되어 온대저기압의 일생이 끝난다. 이것이 중학교 과학 교과서에서부터 중요 개념으로 다루고 있는 전선을 동반한 온대저기압 발달 이론이다. 해륙풍과 같은 국지 규모의 바람도 이 마르굴레스의 원리로 설명한다.

폭풍의 풍속 추정

마르굴레스의 이론을 적용하여 폭풍의 풍속을 추정해 볼 수 있다. 온대저기압은 차가운 북동 기류와 따뜻한 남서 기류의 경계에서, 찬 공기는 따뜻한 공기 아래로 파고들고 따뜻한 공기는 찬 공기 위로 상승 운동을 하면서 만들어지는 대규모의 소용돌이 현상이다. 온대저기압 발달 과정에서 나타나는 풍속은 다음과 같이 추정할 수 있다.

저온·고온의 공기 밀도를 각각 p^1, p^2라고 하고, 공기층의 두께를 h, 중력가속도를 g라고 하면 이 두 공기에 의해 발달하는 온대저기압 내의 풍속은 $V^2 = \frac{gh}{4}(1 - \frac{p^2}{p^1})$로 나타낼 수 있다. $\frac{p^2}{p^1}$ =29/30(두 공기의 기온차가 약 10℃에 상당), h =3km인 경우를 가정한다면 이때 풍속은 약 15.7m/s가 된다.

온대저기압의 발생과 역할

1940년대가 되면서, 남북 방향으로 온도 차를 가진 대기는 자전하는 시구상에 안정하게(위치 변화 없이 한 곳에 머무는 상태) 존재할 수 없고 동서 방향으로 변하는 파동(편서풍 파동)을 만들어 내며 이 파동이 온대저기압을 발달시킨다는 이론이 만들어졌다. 이 경우에도 상공의 편서풍 파동에서 위치에너지가 감소하여 운동에너지가 증가한다(바람이 강해진다)는 것에는 다름이 없다(기압 곡 동쪽의 뜨거운 공기가 남쪽 지상에서 북쪽 상공으로 상승하고, 기압 곡 서쪽의 차가운 공기가 북쪽 상공에서 남쪽 지상으로 하강하므로). 이 온대저기압은 남쪽과 북쪽의 공기를 혼합시켜 고·저위도 간의 온도 차를 줄이는 역할을 한다.

편서풍 파동에 따른 온대저기압의 생성과 발달 과정은 다음과 같다. 북반구 중위도 상공에서 기류가 남북으로 사행蛇行(꿈틀거리면서 진행)하면서 지구를 일주하는 것을 편서풍 파동이라고 한다. 중위도 지역에서 편서풍 파동이 남쪽으로 내려왔다가, 다시 북쪽으로 올라가는 기압 곡谷, trough 서쪽의 하층에는 저기압이 발생하여 구름이 형성되고 비가 내리는데 이를 온대저기압이라고 부른다. 온대저기압의 공간 구조를 살펴보면, 하층 대기에서는 바람이 수렴(어떤 지역 내로 몰려듦)하여 상승기류를 만든다. 그리고 상층 대기에서는 상승한 기류가 수평 방향으로 발산(흩어져 나감)한다.

대류권의 중간 고도(5km 정도)에서는 수렴과 발산 현상 없이 기류가 상승 운동을 한다. 이 상승기류의 속도는 초속 1센티미터 정도인데, 이는 초속 10미터 규모로 측정되는 수평 방향의 바람에 비하면 매우 느려서 천 분의 일 정도에 지나지 않는다. 하지만 이 상승기류가 존재하기 때문에 구름이 만들어지고 비가 내릴 수 있다. 뿐만 아니라 초음파풍속계를 사용하지 않으면 측정도 할 수 없는 이 아주 미약한 상승기류가 존재하기 때문에 초속 10미터 규모의 수평 바람이 불 수 있는 것이다.

지상에서 바람이 부는 이유는 공간 안에서 기압이 균등하지 않기 때문에 고기압(공기가 많이 적체된 곳)에서 저기압(공기의 적체량이 적은 곳)으로 공기가 이동하기 때문이다. 그리고 지상의 고·저기압은 상층 편서풍 파동이 상승기류 혹은 하강기류를 만들어 내기 때문에 생긴다. 크고 강해 보이는 현상이 주인공 같지만, 실제로 그것을 만들어 내는 진짜로 중요한 요인은 주의해서 세심하게 관심을 기울여야만 보이는 법이다.

차니와 이디,
지구 온도의 균형 원리를 밝히다

위도별 복사에너지 수지 관계

지구 표면이 흡수하는 태양복사에너지는 어느 정도일까? 지구 대기의 맨 꼭대기에서 태양광선에 수직으로 놓인 1평방미터(단위면적)의 면이 받는 태양복사에너지의 양은 매초 약 1360J(주울)이다. 이 값을 태양상수라고 부른다. 과거에는 이 태양상수의 값이 매년 태양 활동에 따라서 변할 것으로 생각했었다. 즉 기후가 해마다 변하는 것은 태양상수의 변동에 기인한다고 생각했다. 그러나 오랜 기간에 걸쳐 주의 깊게 관측해 본 결과 해에 따라 달라진다는 증거가 없었다. 다만 자외선 영역의 복사는 변하는 것으로 파악되었는데, 태양의 전체 복사량 중에서 이 영역의 복사가 차지하는 부분은 아주 작다.

한편 기하학적으로 생각해 보면 태양광선에 수직인 평면의 면적은 지구 전체 표면적의 4분의 1에 지나지 않는다. 따라서 지구 표면 전체로 평균하면, 단위시간당 단위면적마다 지구 표면으로 입사하는 태양복사에너지는 태양상수 값의 4분의 1이 된다. 그리고 이 중의 약 절반이 실제로 지표면에 흡수된다고 알려져 있다. 결국 지구 표면은, 지구 전체로 평균하면 단위면적당 매초 태양복사에너지를 170J 흡수한다고 파악된다. 그런데 지구 표면은 끊임없이 이만큼의 에너지를 흡수하고 있음에도 불구하고 온도가 상승하지 않는다. 그 이유는 지구 표면 또한 이만큼의 에너지를 복사에너지로 방출하기 때문일 것이다.

그런데 양적으로 조사해 보면 조금 이상한 것을 발견할 수 있다. 즉 지구 표면 전체로 평균하였을 때 지표면의 온도는 약 15℃이어서 단위면적의 지표면은 1초에 약 374J의 복사에너지를 방출하는 것으로 헤아려진다. 이는 지표면이 태양으로부터 받는 복사에너지보다 훨씬 많은 양이다. 이런 상황이라면 지표면 온도는 시간이 지날수록 낮아져야 할 것이다. 지표면이 1초에 단위면적당 170J의 복사에너지를 방출하며 태양으로부터 받는 양과 같은 복사에너지를 방출하려면 지표면 온도가 -40℃가 되어야 하는 것이다. 그런데 지표면의 온도는 어떻게 -40℃보다 훨씬 높은 15℃를 유지할 수 있는 것일까?

여기서 중요한 것은, 예를 들어 전자파가 물체의 표면에 닿았을 때 어떤 파장의 전자파는 물질을 통과하고 어떤 파장의 전자파는 완전히 차단되어 버린다는 것이다. 창이 없는 실내이건 야외이건 라디오는 마찬가지로 잘 들린다. 라디오 전파와 같이 파장이 긴 것은 벽을 투과하는 것이다. 그러나 태양광선은 벽에 완전히 차단된다. 다른 예로 식물을 재배하는 온실을 생각할 수 있다. 보통의 유리는 태양광선 정도의 파장이 짧은 복사선(단파)은 거의 흡수하지 않고 통과시킨다. 반면에 지표면이 방출하는 파장이 긴 복사선(장파)은 지표면 쪽으로 반사한다. 반사된 장파복사는 땅에 도달하여 흡수된다. 즉 태양복사에너지는 온실 안으로 들어가지만 온실 내부에서 바깥으로 향하는 장파복사에너지는 온실 내에 갇히게 된다. 그 결과 태양광선에 노출된 온실의 온도는 상승하게 된다. 이처럼 유리는 복사선을 선택적으로 흡수하는 성질이 있기 때문에 유리로 온실을 만드는 것이다. 이 효과를 온실효과라고 부른다.

여기서 온실 얘기를 한 이유는 대기 중에 포함되어 있는 수증기와 탄산가스가 온실과 같은 효과를 내기 때문이다. 잘 알려져 있듯이, 대기를 이루는 주성분은 질소와 산소이고 이들 이외에 여러 가지 기체가 존재한다. 수증기도 조금 포함되어 있고 아주 소량의 탄산가스도 있다. 중량으로 볼 때 이들 미량의 기체는 대기 주성분 기체의 0.05퍼센트에 지나지 않는다. 대기를 구성하는 많은 기체 중에서 수증기와 탄산가스는 태양광선은 통과시키고 장파는 흡수하는 특성이 있다. 그래서 비록 미량이지만 지구 대기의 열수지를 다루는 데에 있어서는 무시할 수 없는 기체이다.

이에 더하여 구름의 영향도 있다. 구름과 수증기와 탄산가스의 영향을 합하면 결국 지표면에서 나가는 복사의 겨우 20퍼센트만이 지구 대기를 통과해서 우주 공간으로 나가게 된다. 그 이외의 복사에너지는 전부 대기 중의 구름, 수증기 및 탄산가스에 포착되어 지표로 돌아온다. 따라서 만약에 대기 중에 탄산가스도 수증기도 없고 구름조차 없다면 지구 표면은 -40℃라는 죽음의 세계가 되어버린다.

이디와 차니의 편서풍 파동 이론

지구는 태양으로부터 파장이 짧은 복사에너지를 얻어 가열된다. 지구 자신은 파장이 긴 복사에너지를 우주 공간으로 내보낸다. 그래서 지구 전체에서는 태양으로부터 얻는 복사에너지와 우주로 방출하는 복사에너지의 양이 균형을 이룬다. 따라서 지구는 항상 일정한 온도를 유지할 수 있다. 그러나 지구는 위도 38도를 경계로 고위도는 복사에너지 수지의 부족, 그 남쪽은 복사에너지 수지의 과잉 상태를 보인다. 이 복사에너지의 불균형은 대기대순환과 해양의 해류대순환 과정을 통해 해소한다.

이러한 복사에너지 수지 관계로 인하여, 위도 38도 부근에서 남북 방향으로 거리에 따른 온도 차이가 가장 크다. 이렇게 남북 방향으로 기온 차이가 큰 곳의 상공에서는 남북 방향의 기압차도 커진다. 이것이 중위도 상공에서 강한 서풍이 나타나는 이유이다.

그러면 서풍이 강하게 불기만 하면 될 일이지, 왜 이 강풍대가 남북 방향으로 사행蛇行을 하게 되는 것일까? 이 문제에 1949년 영국의 이디(E. Eady, 1915~1966)와 미국의 차니(J. G. Charney, 1917~1981)가 고등수학을 적용하여 답을 찾았다. 이들이 제시한 답은 다음과 같았다.

고도에 따라 증가하는 풍속의 비율이 일정 수준 이상이 되면 파장(파동의 곡에서 곡까지의 거리)이 수천 킬로미터에 이르는 파동은 불안정해진다. 이 말은 중위도를 경계로 고위도와 저위도 간의 기온차가 일정 수준 이상으로 커지면 파동이 불안정해진다는 것과 같은 말이다. 즉 처음에는 작았던 파동이 시간이 지나면 급격하게 증폭되어 진폭이 남북 방향으로 확대되어 간다. 그때 지상에서는 편서풍 파동의 곡 동쪽에서 저기압 중심의 중심기압이 점점 낮아지고 바람도 강해진다. 이때 3차원 대기 상태를 조사해 보면 편서풍 파동 곡의 후면에서는 차가운 한기가 남쪽으로 내려오고, 곡의 앞쪽으로는 남쪽에서 따뜻한 공기가 북쪽으로 불어 올라가는 것이 확인된다.

이디와 차니가 고등수학을 적용하여 알아낸 편서풍 파동 안정론이 말하는 것은, 중위도를 경계로 고위도와 저위도 간에 에너지 불균형이 심화되면 상층에서 편서풍 파동이 발달하고, 그것이 지상에 온대저기압을 발달시킨다는 사실이다. 그리고 이들은 북쪽의 찬 공기와 남쪽의 따뜻한 공기를 교환시켜 지구의 에너지 균형을 유지하는 역할을 한다.

이디와 차니가 확립한 편서풍 파동 이론은 비야크네스를

대표로 하는 노르웨이 학파가 맨눈으로 하늘을 관측하여 얻었던 온대저기압 발달에 관한 전선 파동론을 물리학적으로 확인한 것이다.

편서풍 파동과 열의 남북 수송

지상에서 고·저위도 간에 기온의 남북 차가 클수록(저위도는 고온, 고위도는 저온으로 분포), 상공으로 올라가면서 고·저위도 간의 기압차가 커진다. 그 결과 강한 바람(편서풍, 부록에서 온도풍이라는 개념으로 설명한다)이 불게 된다. 편서풍의 풍속이 고도에 따라서 증가하는 비율은 고·저위도 간의 기온 차에 비례한다. 이 비율이 일정 수준 이상이 되면 파장이 수천 킬로미터에 이르는 편서풍 파동은 불안정해진다. (이디와 차니는 물리학 법칙으로부터 이 비율을 계산하는 방정식을 찾아냈는데, 그것을 경압 불안정 이론이라고 부른다.) 파동이 불안정해진다는 말은 파동의 진폭이 남북 방향으로 증폭하는 현상을 가리킨다.

파동의 불안정과 그것의 역할을 좀 더 알아보자. 초기에는 편서풍 파동의 진폭이 작았더라도 고·저위도 간에 기온차가 클 경우에는 시간이 지날수록 진폭이 급격하게 증가한다. 이를 파동이 불안정해진다고 말하며, 그 원인이 고·저위도 간 기온차에 있기 때문에 '경압 불안정'baroclinic instability이라고 부른다. 경압이란 수평 방향으로 존재하는 기온차(예로서, 위도에 따른 기온차)가 원인이 되어 풍속이 고도에 따라 변하는 것을 말한다. 경압에 대조되는 용어로는 순압barotropic이 있는데, 이것은 풍속이 고도에 따라 변하지 않는(수평 방향으로 기온차가 없는) 대기 상태를 말한다.

경압 불안정에 의한 파동 현상은 상층일기도에서 쉽게 발견할 수 있다. 기압 곡(편서풍 파동이 남쪽으로 내려온 곳)의 동쪽에서는 따뜻한 남서 기류가 불어 들어오고, 기압 곡의 서쪽으로는 차가운 북서 기류가 불어 내려온다. 이럴 경우에 기압 곡의 동쪽은 기온이 높으므로 공기 밀도가 작고, 따라서 상승기류가 발생해 지상에는 저기압이 발달한다. 이 내용은 고교 지구과학의 기상학 분야에서 가장 중요한 개념으로 가르치고 있다.

500hPa 일기도 등 상층일기도에서 항상 볼 수 있는 편서풍 파동은 남북 방향으로 꾸불꾸불한 모양을 이루고 있는데, 이것의 역할은 무엇일까? 파동이 발생하는 원인 자체가 고·저위도 간 기온차가 일정 수준 이상으로 커졌기 때문이고, 따라서 이 파동은 남북 간의 기온차를 줄이기 위하여 열

을 고온 쪽(남쪽)에서 저온 쪽(북쪽)으로 운반한다. 지금까지 설명했듯이 편서풍 파동의 기압 곡을 중심으로 동쪽에서는 고온의 공기가 북쪽으로 이동하고 서쪽에서는 저온의 공기가 남쪽으로 수송되는데, 이것은 고·저위도 간의 기온차를 줄이는 과정에 해당한다.

전선 상공에 위치한 편서풍 파동의 사행이 적어서 거의 움직이지 않는 전선을 '정체전선'이라고 한다. 정체전선은 대부분 동서 방향으로 뻗어 있는 경우가 많지만 남북 방향으로 파동을 치는 형태로 만들어지는 경우도 있다. 이것을 '전선성 파동'이라고 부르는데, 대규모(종관 규모) 경압 불안정파와는 완전히 다른 모습을 나타낸다. 전선성 파동의 발생·발달 메커니즘은 아직 불명확한 점이 남아 있는 미지의 대상이다. 여름철 장마전선과 가을철 장마전선은 규모가 큰 정체전선의 대표적인 사례이다.

태풍의 에너지에 관하여

태풍에 수반된 강우량은 중심에서 대략 300킬로미터 정도 벗어나면 하루에 1밀리미터 정도로 적지만 중심 부근에서는 하루에 수백 밀리미터 이상의 엄청난 양의 비가 내린다. 뿐만 아니라 태풍 내에서는 초속 30미터 이상의 바람이 분다. 태풍의 직경은 대체로 400~500킬로미터에 이르고 높이는 대류권계면의 고도(약 12km)에까지 이르기 때문에 태풍이 가진 운동에너지와 마찰로 소실되는 운동에너지의 양은 엄청나다.

태풍을 유지하는 데에 소비되는 에너지의 원천은 수증기의 응결열인 것으로 알려져 있다. 그런데 정말로 수증기의 응결열이 태풍을 유지시키는 데 충분할까? 여기서 이 문제를 생각해 보자.

문제를 간단하게 하기 위해서 태풍의 반경이 200킬로미터이고, 이 영역 내에서는 어디에서건 하루에 100밀리미터의 비가 내리는 것으로 하자. 즉 이 영역 내에서 응결하는 물의 양은 약 1.2×10^{13}kg이다. 1kg의 수증기가 응결될 때 약 2.5×10^{6}J의 열을 방출하므로, 결과적으로 하루에 약 3×10^{19}J의 열이 방출되는 것이다.

한편 태풍이 하루에 마찰에너지로 잃는 운동에너지의 양은, 에너지 수지를 계산해 보면 지금 계산한 수증기 응결에 따른 방출일의 3퍼센트 정도에 지나지 않는 것으로 헤아려진다. 중간 규모의 태풍이 갖는 운동에너지는 대략 수소폭

탄의 100배, 제2차세계대전 말에 일본의 나가사키와 히로시마에 투하된 원자폭탄의 10만 배 정도에 상당한다고 한다. 또 규모 7의 지진보다도 50배나 큰 운동에너지를 갖고 있다고 한다. 태풍 내 운동에너지의 분포는 태풍의 중심에서 10~30킬로미터 정도 떨어져 있는 곳에서 최대로 나타나고 이보다 안쪽이나 바깥으로 갈수록 작아지는 것이 일반적이다.

우리나라의 연평균 강수량은 1,200밀리미터 내외인데 태풍이 지나갈 때면 하루에 400~500밀리미터의 비가 내리는 경우도 종종 있다. 태풍에 수반되는 피해 가운데 가장 큰 부분을 차지하는 것은 호우에 의한 것이다. 호우로 인한 대표적인 피해로는 큰 하천 유역에 많은 비가 집중되어 발생하는 홍수, 산지 지역에서 발생하는 산사태, 소하천의 범람 및 해안 도시의 저지대에서 잘 발생하는 침수 등이 있다. 하지만 경우에 따라서는 태풍이 가져오는 비가 가뭄을 해소해 주기도 하여 중요한 수자원 공급원으로 간주되기도 한다. 장마철에 비가 부족했던 해에는 특히 그러하다.

왜 태풍에 수반하여 많은 비가 내릴까? 그 이유 중의 하나는 상승기류가 강하기 때문이다. 상승기류가 강하다는 것은 해상의 습윤한 공기를 태풍 중심 방향으로 많이 수렴해 상승시킨다는 의미이다. 습윤한 공기가 상승하면 부피가 팽창하고 기온이 하강하여, 수증기가 물방울로 응결해 비가 된다.

또 하나의 이유는 태풍이 열대 해양에서 발생하기 때문에 온도가 높고 공기가 습윤해져 있기 때문이다. 잘 알려져 있듯이 대기는 수증기를 무한대로 포함할 수 있는 것이 아니라 한계가 있다. 수증기가 공기 중에 한계까지 최대로 포함되어 있을 때, 대기는 수증기로 포화되어 있다고 말한다. 이런 상태를 상대습도가 100퍼센트라고 한다. 이때 단위 체적의 공기 중에 포함되어 있는 수증기의 양을 포화수증기량이라고 한다. 이 포화수증기량은 온도에 따라서 큰 차이를 보인다. 예를 들자면 기온이 30℃일 때는 기온이 10℃일 때보다 포화수증기량이 세 배 이상 많다.

태풍이 접근해 와서 비가 내리기 시작할 때부터 끝날 때까지 어떤 지점에서 관측되는 총강수량은 태풍이 어떻게 이동해 가느냐에 큰 영향을 받는다. 태풍이 빠르게 통과하여 사라질수록 총강수량이 적다. 이와 반대로 태풍이 쇠퇴하지 않으면서 어떤 장소에 오랫동안 머물러 있거나 또는 아주 느린 속도로 통과할 경우에는 강수가 지속되는 시간이 길어지고 총강수량도 많아지게 된다.

태풍에 수반해 내리는 강수량에 미치는 영향으로는 지형의 영향도 간과할 수 없다. 반시계 방향으로 회전하면서 태풍의 중심을 향해 수렴하는 바람이 높은 산에 부딪히면 산자락을 따라서 강한 상승기류가 발생한다. 이런 지역에는 지형에 따른 호우가 내리기 쉽다. 남해안에서 동해로 태풍이 통과해 갈 때 지리산의 남쪽과 동쪽 및 영동 지역에 호우가 자주 발생하는 것은 바로 이런 지형적 요인에서 그 이유를 찾을 수 있다.

또 우리나라에 장마전선이 위치해 있고, 태풍이 북상하여 이 장마전선과 겹쳐질 경우에는 전선을 따라서 집중호우가 발생하기도 한다.

제3장

과학적 일기예보 시대

수치예보를 만든 사람들

오늘날 일기예보는 수치예보를 떼어 놓고서는 말할 수가 없다. 슈퍼컴퓨터와 각종 첨단 장비를 동원하여 수치예보 운영에 필요한 입력 자료를 수집한다. 미국, 유럽, 일본 등에서는 기상정보가 매일 일상과 함께하고 각 정부 부처의 정책을 뒷받침하는 역할을 하고 있다.

하지만 우리나라의 경우엔 여전히 기상청의 예산도 인력도 턱없이 부족한 실정이고, 기상청에 대한 국민들의 관심도도 낮다. 극한 기상 현상 시에 예보가 빗나가거나 기상재해가 크게 발생하였을 때에 기상청을 맹비난하는 경우를 제외하곤 국민들의 큰 관심을 받을 일도 별로 없는 것 같다.

과거에도 그러하였지만 최근에는 거의 모든 산업에 기상·기후 상황이 미치는 영향력이 무척 크다. 계절·기후에 관계 없는 산업이 없는 실정이다. 비즈니스의 출발이 되는 빅데이터 분석에 있어서도 가장 기본이 되는 자료가 기상 자료이다. 이러한 이유로 선진국에서는 기상과 기후

학 분야에 관심이 더욱 높아지고 있고 투자도 집중되고 있다. 대학에서도 가장 인기가 높은 학문 중의 하나로 위치를 점하고 있다.

자연과학으로서의 기상학의 출발은 르네상스 시대 이후이다. 1592년에 갈릴레이가 온도계를 발명하고 이어서 토리첼리가 기압계를 고안함으로써 실증적 관측을 기반으로 하는 기상학이 출발하게 되었다. 수치예보가 처음으로 시도된 것은 1940년대 말이었으므로 갈릴레이 이후 3백 년 이상에 걸쳐서 기상학 지식이 축적되고 컴퓨터를 포함한 첨단 기계문명이 뒷받침되고서야 수치예보가 가능하게 된 것이다. 여기서는 수치예보의 발달 과정과 그것을 만든 사람들의 이야기를 소개한다.

차니,
수치예보의 길을 열다

일기예보의 네 가지 방법

날씨 예측은 기상청 예보관들의 전유물이 아니다. 특정 지역에서 특정 기간에는 일반 시민들도 날씨를 정확도 높게 예측하여 생활에 활용하고 있다. 이러한 예보를 '기후학적 예보'라고 부른다.

예로서 여름철 미국 플로리다와 같은, 해양에 인접한 아열대 지역에서는 오후가 되면 거의 매일 거의 같은 시간대에 비가 내린다. 올랜도에 위치한 디즈니랜드를 여름철에 방문한 경험이 있는 사람이라면 이 말에 쉽게 고개를 끄덕일 것이다. 또 계절풍이 뚜렷한 지역에서는 우기와 건기가 구분된다. 우기와 건기가 시작되면 그 시기가 끝날 때까지 거의 같은 패턴의 날씨가 반복되기 때문에 사람들이 매일의 날씨를 예상하기가 쉽다. 이런 지역에서 사는 사람들은 시민이 기상예보관만큼 높은 정확도로 날씨를 예측하고 대비할 수 있다.

우리나라에서도 양양과 속초 등 동해안 북쪽 연안 지역에 살고 있는 사람들은 초여름이 시작될 시기가 되면 오호츠크해로부터 차가운 공기가 불어 내려오면서 짙은 해무가 생긴다는 것을 경험적으로 알고 있다. 또 원주 등의 영서 지방에서는 이 시기에 북동쪽에서 고온 건조한 공기가 태백산맥을 넘어서 온다는 사실을 알고 가뭄에 대비하였다.

'지속성 예보'는 사람들이 본능적으로 사용하는 일상적인 예보 방법이다. 현재의 기상 상태가 이어질 것이라고 가정하는 것이다. 아침에 하늘이 맑으면 출근길에 우산을 지참하지 않는다. 그 이유는 아침의 상태가 이어질 것이라고 여기기 때문이다. 이런 우리의 일상생활이 곧 지속성 예보를 전제로 나오고 있는 셈이다.

이것은 기상청의 예보관들도 널리 사용하는 방법이다. 수치예보로 대응이 안 되는 단시간의 집중호우에도 이 방법을 사용한다. 이를 nowcast라고도 부르는데, 지금 내리고 있는 폭우가 지속된다는 가정하에 단기간에 특정 지역에 얼마나 많은 비가 내릴 것인가를 추정할 때에 널리 이용하고 있다.

지속성 예보는 기후학적 자료의 참고 없이 현재의 기상 조건에만 의존한다. 일반 시민들은 바깥나들이를 할 때에 하늘이 맑으면 우산을 지참하지 않는다. 이런 방법으로 인해 퇴근 무렵엔 돌변한 날씨를 만나 곤혹을 겪기도 하지만 짧은 시간 동안에는 유효하게 작동한다. 좁은 지역에서 집중호우가 내릴 때에 한 시간 이내의 강수량 예측에는 슈퍼컴퓨터보다도 이런 지속성 예보의 정확도가 더 높은 것으로 파악된다.

지속성 예보에 속하지만 당장의 상태가 계속 이어진다는 가정을 넘은 좀 더 교묘한 기법으로, 기압의 연속적인 변화를 통해서 저기압의 접근을 파악하여 운량의 변화를 예측하기도 한다. 현재의 동향을 통해서 미래 상태를 추정하는 방법인데, 그 동향이 지속되지 못하면 예보가 빗나간다. 수치예보 이전에 일기도에 의존하여 예보를 하였을 때에는 이런 방식이 예보 기법의 기본이었다.

'상사형 예보'는 일기예보에 슈퍼컴퓨터나 첨단의 기상관측 장비가 이용되기 이전인 1950년대까지 예보에 널리 이용한 방법이다. 예보관들은 현재의 상황과 가장 유사하였던 과거의 사례를 찾아서 비교하여 예보를 내는 것이 기본이었다. 베테랑 예보관이라는 건 오랜 경험을 통해서 과거의 사례가 머릿속에 체득되어 있는 사람들을 말하는데, 결국 상사형 접근 기법을 잘 구사하는 예보관을 가리키는 말이다. 이 방법은 오늘날에도 태풍 진로 예측이라든가 2주 이상에 걸친 중기 기상예보를 할 때에 유용하게 활용하고 있다.

태풍 진로 예측을 할 때에는 수치예보 모델만이 아니라, 지난 수십 년간의 태풍 자료를 데이터베이스화하여 놓고서 지금 발생한 태풍과 가장 유사하였던 사례를 찾아 진로와 발달 과정을 전망하는 데에 사용하고 있는데, 이런 방법이 상사형 접근 기법의 대표적 사례가 된다. 오늘날 AI(인공지능)를 예보에 활용하려는 시도가 활발하게 행해지고 있다. AI가 담당하는 예보 기능도 지금의 기상 패턴과 유사했던 과거의 수많은 일기도를 찾아서 그때의 기상 현상을 찾는 일이다.

'수치예보'는 컴퓨터를 이용해 대기 운동의 지배방정식의 해를 구하여 일기예보를 하는 방식이다. 1940년대 후반부터 고속 계산이 가능한 컴퓨터가 실용 단계로 접어들면서 수치예보가 기상예보의 방법으로 대두되기 시작하였다. 수치예보는 뉴턴의 운동방정식을 유체에 적용하는 체계의 프로그램으로 대기의 상태 변화를 파악한다. 컴퓨터 연산을 통한다는 점이 예전의 예보 방법과 크게 다른 차이점이다.

차니와 수치예보

1940년대 말에 미국 프린스턴 대학의 수학과 교수였던 노이만(J. V. Neumann, 1903~1957)이 그때 막 세상에 모습을 드러낸 에니악 컴퓨터를 이용해서 일기예보를 시도해 보자는 생각을 했다. 그는 수학을 전공하지 않고서도 수학의 다방면에서 뛰어난 성과를 거두어 천재로 일컬어지고 있었다. 노이만은 로스비의 도움을 받아, 아인슈타인도 근무했던 곳으로 유명한 미국 뉴저지 프린스턴 시에 소재한 프린스턴 고등연구소The Institute for Advanced Study, IAS에 젊고 우수한 기상학자들을 모았다. 이때 이곳에 모인 기상학자들은 현대 기상학을 개척한 연구자들로 추앙받고 있을 정도로 우수한 인재들이었다.

이 사업의 책임은 UCLAUniversity of California, Los Angeles에 있던 차니 박사가 맡았다. 그들은 우선 컴퓨터가 세상에 모습을 드러내기 훨씬 이전인 1920년대 초에 영국의 과학자 리차드슨이 시도하였던 것과 동일한 수치 계산 방식으로 예상 일기도 작성을 시도해 보았다. 리차드슨의 시대에 비하면 훨씬 정밀한 상층 관측 자료가 있었음에도 불구하고 결과는 리차드슨과 마찬가지로 실패로 끝났다.

계산 결과를 보면 실제 대기에서는 시간이 경과함에 따라서 나타난 기압 변화가 매우 작았는데 계산 결과상으로는 엄청나게 큰 기압 변화가 발생하였다. 실패 원인을 찾는 작업이 이뤄졌고, 실패의 이유가 방정식 체제에 있었다는 게 밝혀졌다. 차니 박사 팀은 오차 증폭이 발생하지 않도록 방정식 체제를 수정해 냈다(기상학에서는 이 과정을 지균 근사와 정역학 근사 체계의 도입이라고 부른다. 이 과정으로 운동방정식에 포함되어 있는 음파와 중력파 진동을 제거했다).

당시의 컴퓨터는 지금에 비하면 유아기 수준에 지나지 않았다. 전산 속도가 느릴 뿐만 아니라, 프로그램을 컴퓨터가 이해할 수 있도록 기계어로 사람이 직접 번역을 해야 했다. 그 외에도 컴퓨터를 구성하는 2만 개 이상의 진공관 중에서 하나라도 계산 도중에 이상을 일으키면, 그때까지 진척된 계산은 전부 못 쓰게 되어 컴퓨터를 고친 후 다시 계산을 해야만 했다.

이런 어려운 환경 속에서도 차니 박사 팀은 1949년에 예

줄 그레고리 차니(J. G. Charney, 1917~1981).
차니 박사 팀의 수치예보 성공은 전 세계 기상학계에 큰 충격을 주었다.
차니는 수치예보를 실현시킨 공로로 기상학자로서
최고의 영예인 로스비 상을 받았다.

비 계산 결과를 세상에 발표할 수 있었다. 이어서 1950년에는 500hPa 고도 등고선의 24시간 동안의 변화를 계산하여 실제 값과 비교하는 내용으로 발표회를 가졌다. 오늘날의 보편적 개념의 '날씨'를 예측하는 수준은 아니었고 상세히 비교하면 오차가 발생하는 지점이 적잖게 발견되었지만 기압의 상승과 하강 지역은 실제와 대체로 일치하였다.

예보관들의 경험에 의존하지 않고 현재의 기상관측 자료와 물리법칙을 사용해서 미래의 대기 상태를 예상해 보고자 하였던 리차드슨의 꿈은 삼십 년 이상 흘러서야 그 첫발을 내딛을 수 있었던 셈이다.

수치예보의 발전

차니 박사 팀에 의한 수치예보 시도 성공은 전 세계 기상학계에 큰 충격을 주었다. 유체역학과 열역학법칙에 기초해서 대규모 대기 운동을 예측할 수 있게 된 것이다. 스웨덴, 영국, 서독, 일본 등에서 수치예보 모델을 개선하는 연구가 활발하게 이뤄지게 되었다. 여기서 말하는 모델 개선 연구 작업의 내용은 다음과 같다.

대기의 운동은 매우 복잡하다. 작은 소용돌이 운동도 있고 토네이도 정도 규모의 운동도 있으며 태풍이나 고·저기압처럼 규모가 큰 운동도 있다. 다양한 규모의 운동이 함께 공존하고, 그 운동이 발생하는 원인도 다양하다. 따라서 연구자는 자신이 알고 싶은 현상의 본질만을 뽑아내서 대기 운동을 간단하게 만들어 내는 것이다. 이것을 '모델'이라고 부른다. 가장 중요한 요인만 남기고 다른 것은 필터링해 버리는 작업을 말한다. 유행시키고 싶은 핵심 사항을 강조한 옷을 패션모델에게 입혀 의상 쇼를 하는 것과 같은 이치이다. 그 모델이 간단하면서도 실제 대기의 특성을 잘 나타낼수록 우수한 모델로 평가받는다. 물론 슈퍼컴퓨터가 등장하면서 계산 용량이 충분해진 이후로는 이런 모델보다는 모든 과정들이 포함되어 있는 방정식체제(이를 원시모델이라고 부른다)를 수치모델로 이용하고 있다.

차니 박사팀이 최초로 시도했던 모델은 오늘날 '준지균순압모델'quasi-geostorphic barotropic model이라고 불리고 있다. 지균풍이라는 이름이 붙은 것은 지균풍 관계*가 반영되었기 때

* 직선 형태의 등압선에 평행하게 부는 지균풍은 기압경도력과 전향력이 균형을 이루어 부는데, 이 관계를 지균풍 관계라 한다.

문이다. 그렇지만 이 모델에서 기술하는 바람이 완전한 지균풍은 아니라는 의미에서 준quasi-이라는 접두사가 붙는다. 완전한 지균풍이라면 고·저기압하에서 공기의 수렴과 발산이 이뤄지지 않기 때문에 공기의 상승과 하강이 표현되지 않고 고·저기압의 시간 변화도 구현하지 못한다.

'순압대기'라고 하는 것은 기압이 같은 면이 기온이 같은 면과 항상 일치하는 가상의 특수한 대기이다. 따라서 순압대기라면 일기도에서 등압선과 등온선이 평행하게 존재한다. 이런 대기에서는 기압의 수평분포가 어느 고도에서나 같게 나타난다. 즉 모든 고도에서 기압의 수평분포에 차이가 없다.

순압이 아닌 일반 대기에서는 등압면과 등온면이 평행하지 않고 기울어져 있는데, 이런 대기를 '경압대기'baroclinic atmosphere라고 한다. 이 경압대기에서는 상공으로 갈수록 편서풍의 풍속이 증가하는데, 그 증가가 일정한 한도를 넘어서면 파장이 수천 킬로미터에 이르는 파동은 불안정해져서 온대저기압(중위도에서 흔히 볼 수 있는, 전선을 수반하는 저기압)이 발달한다. 지구과학 교과서에서 배우는 편서풍 파동과 저기압의 발달은 이러한 경압대기에서 발생하는 현상이다.

상층 파동 불안정으로 지상 저기압이 발달할 때, 상층 기압 곡(파동이 남쪽으로 휘어 내려왔다가 북쪽으로 다시 휘어 올라가는 모양)의 앞쪽(동쪽)에서는 대류권 하층에서 기류가 수렴하고(공기가 사방에서 모여듦) 상층에서 발산한다(공기가 사방으로 퍼져 나감). 반대로 기압 곡의 뒤편(서쪽)에서는 대류권 하층에서 발산, 상층에서 수렴한다. 어느 경우에나 대류권의 한가운데인 500hPa 고도 부근에서는 발산도 수렴도 없다.

그런데 차니 등이 도입했던 순압대기에서는 바람이 어느 고도에서나 똑같이 불고 있기 때문에(풍향과 풍속이 모든 고도에서 같다), 대기층 어디에서도 수렴과 발산이 생기지 않는다. 그래서 이 모델로는 500hPa 고도 부근의 기류를 나타낼 수 있을 뿐이고 저기압의 발달은 예보할 수가 없다.

1950년에 순압모델을 이용해서 500hPa 등압면상의 등고선 분포 예보에 성공한 차니 박사 팀은 N.A.필립스 박사 등의 지원을 받아 경압모델을 이용한 수치예보에 도전하였다. 방정식 체계도 복잡해지고 계산량도 훨씬 많아졌지만 1953년에 성공을 거뒀다. 급속하게 발달하는 이동성 저기압의 변화를 상당히 정확하게 예보해 낼 수 있었다.

차니 박사에 대하여

J. G. 차니는 1917년생으로, 부모는 러시아에서 온 이민자였다. 수치예보를 실현시킨 공로로 미국기상학회로부터 최고의 영예인 로스비상을 받는 등 기상학자가 누릴 수 있는 모든 영예를 얻었고, 미국의 최고 과학자들의 클럽인 미국국립아카데미 회원이 되었다.

차니는 수치예보만이 아니라 편서풍 파동의 증폭 이유를 이론적으로 밝히는 등 기상학 발전에 큰 공헌을 하였다. 그를 가까이서 지켜보았던 미국 일리노이 대학의 기상학 교수 오구라는 이런 회고의 글을 남겼다.

> "그는 공부를 너무나도 좋아하는 사람이었다. 학문에 대한 야심이라고 할지 욕심이라고 해야 할지 모르겠지만 그의 관심은 지구 대기만이 아니라 해양물리, 태양 유동층의 운동 그리고 다른 행성들의 대기 운동에까지 이르렀고, 그가 풀어내는 말에는 한계가 없었다.
>
> 1960년에 도쿄에서 열린 국제 수치예보 심포지엄에 차니 박사가 참가했다. 행사 기간 동안 매일 밤늦게까지 말하고 마시고

즐겼다. 그러다가 행사가 끝나고 귀국행 비행기를 탔다. 그런데 비행기에 타자마자 좌석벨트를 조이기 바쁘게 종이와 연필을 꺼내 계산에 집중하였다."

차니는 프린스턴에서 수치예보 사업을 끝낸 후에 MIT로 옮겨 '행성 유체역학'이라는 강좌를 개설했다. 그의 명성을 듣고 많은 대학원생들이 강좌를 들었지만, 학기가 끝났을 때 강좌 내용을 제대로 이해한 수강생은 없었다. 재차 수강을 해 보면 이해가 좀 되지 않겠느냐는 생각에 많은 학생들이 다음해에 그 강좌를 다시 들었다. 그러나 해가 바뀌면 강좌의 내용이 지난해와 완전히 달라져서 이해가 안 되는 것은 변함이 없었다. (유체역학 강좌를 하면서 매년 강의 내용을 완전히 바꾸어 할 수 있다는 사실이 믿어지지 않는다.)
미국의 대학은 교수들에게 강좌 준비에 충분한 시간을 할애하고 교수들도 준비에 많은 시간을 투입한다고 한다. 차니도 강의 노트를 만들어 준비해 갔지만, 칠판 앞에 서서 강의를 시작하면 금방 다른 참신한 아이디어가 솟아나서 준비해 온 강의 노트는 쓸모가 없었다. 그는 칠판에 자신의 아이디어를 따라서 수식을 전개해 가고, 매번 학생들은 그걸 멀뚱하게 바라보다가 수업 시간이 끝이 났다고 한다. 그만큼 번쩍이는 아이디어와 상상력이 풍부하게 넘쳐나는 독특한 강좌였다. 오늘날 대한민국에서 그런 강좌를 한다면, 아마도 교수 강의 평가에서 최하점을 받아서 교수법 특강을 들어야 하고, 그러다가 적응하지 못해 대학에서 쫓겨나고 말 것이다.
차니는 어느 해 겨울, 대학 근처 스키장으로 놀러 갔다. 안개가 자욱했지만 빠르게 활강하다 나무에 부딪혀 팔과 다리를 분질렀다. 그런데 몸이 조금 회복되자마자 학교에 나와 한 손으로 책상을 짚은 채 다른 손으로 판서를 열심히 해 가면서 강의를 하고 있더라고 한다.

오늘날 세계의 기상·기후학계는 차니의 제자 그룹이 학문의 큰 줄기를 리드하고 있다. 그야말로 일가를 이룬 셈이다. 차니의 적통을 이었다고 평가받는 사람이 MIT의 린젠이다. 그는 젊은 시절부터 기상·기후학 역사에 남을 뛰어난 논문과 명저를 남기고 있다. 그렇지만 기후변화 문제에 있어서, 대기 중 온실가스 증가가 기후변화를 가져온다는 주장에 과학적 근거가 부족하다는 기후변화 회의론자의 입장에 서면서 많은 사람들로부터 큰 비난을 받고 있기도 한다. 『날씨 창조자들』*The weather makers*이라는 저서로 유명한 호주의 T.플래너리 등 여러 학자들로부터 맹비난을 받기도 하였다.

리차드슨이 꿈꾸었던 수치예보의 길

영국의 리차드슨(L. F. Richardson, 1881~1953)은 일찍이 컴퓨터의 도움을 상상하지 못하던 시대에 세계에서 최초로 수치예보를 시도하였다. 그는 비야크네스가 확립한 기상역학(미분방정식)을 수치해석numerical analysis적인 방법을 적용하여 손계산으로 해를 구하고자 하였다.

리차드슨은 편미분방정식을 사칙연산 형태로 바꾸고(수치해석) 그것을 수치적분하여 풀 수 있다는 것을 알고 있었고, 그 방법을 일기예보에 적용해 보았다. 모든 계산은 손으로 해야 하였고, 따라서 격자 간격이나 적분 간격(시간 적분)은 세밀하게 할 수가 없었다. 그럼에도 불구하고 계산에 엄청난 시간이 걸렸다. 여섯 시간의 예보를 수행하는 데에 6개월이 걸렸다. 연인원 7만 명 이상이 동원되어 장기간 계산에 매달려 보았으나 불행하게도 그의 계산 결과는 실제 기상 변화와 너무 달랐다.

리차드슨은 자신의 일기예보 방법을 상세하게 적은 책을 1922년에 출판했는데, 그는 이 책에서 수치예보는 계산량이 너무 방대하여 절대로 실용화될 수 없다고 결론지었다. 그러나 불과 이십여 년이 지난 후 에니악이라는 디지털 컴퓨

루이스 프라이 리차드슨(L. F. Richardson, 1881~1953).
세계 최초로 수치예보를 시도하였으나 아쉽게도 실패했다. 그는 방대한
계산량 때문에 수치예보는 실용화될 수 없다고 결론지었다.

터가 발명되고, 천재적인 기상학자들이 방정식 체계를 단순화시켜 수치예보의 길을 열 줄은 미처 몰랐다.

1949년 리차드슨이 숨을 거두기 얼마 전, 프린스턴 대학의 노이만과 차니로부터 그들이 수행한 수치예보의 결과와 논문을 우편으로 받았다. 그 성과를 축하하는 편지를 보낸 것이 그가 세상에 남긴 마지막 글이었다고 한다.

그 후 세계 각국은 수치모델 개발 경쟁에 뛰어들었는데, 세계에서 최초로 수치예보를 일기예보에 일상적으로 사용한 나라는 '기상학의 아버지' 로스비의 조국 스웨덴이었다. 1954년의 일이었다. 이듬해 미국 기상청이 수치예보를 일기예보에 상용화하였고, 아시아에서는 일본이 가장 빨랐는데 1959년이었다.

1960년대에는 대부분의 선진국에서 수치예보를 시작했는데, 컴퓨터 연산 속도가 비약적으로 발달함에 따라 1970년대부터는 차니 등에 의해 고안된 단순화된 수식 체계를 탈피하여 리차드슨이 사용하였던 원시방정식 체제로 옮겨갔다.

우리나라의 수치예보 현황과 과제

우리나라의 수치예보는 1980년대에 기상청에 수치예보과가 만들어지면서 시작되었다. 2010년경까지는 일본의 수치예보 모델을 도입하여 사용하였고, 이후 영국의 UM모델을 도입하여 사용하였다. 아울러 2010년부터 십 년간 한국형수치예보사업단을 구성해 개발을 수행하여 KIMKorea Integrated Model이라고 불리는 우리나라 고유의 수치모델을 보유할 수 있게 되었다.

이러한 수치예보 모델 개선 연구는 수많은 나라에서 지속적으로 이어지고 있다. 컴퓨터 성능이 폭발적으로 발달함에 따라 예보 정확도를 높이고 예보 기간을 더 길게 연장하려는 노력을 하고 있다. 예보 기간을 길게 하려면 사흘 이내의 단기예보에선 무시해도 되는 새로운 문제에 힘을 기울여야 한다.

예를 들어 지표면의 마찰력 때문에 바깥에서 에너지를 공급하지 않으면 대기 운동은 수일 후에 정지해 버린다. 따라서 1, 2주 앞까지 예보기간을 늘리려면 대기에 적당한 에너지를 공급해줘야 한다. 이 에너지를 모델에 어떻게 넣어줄 것인가 하는 문제를 경계조건의 문제라고 부른다.

그에 덧붙여 계산 기간이 길어지면 초기 조건(현재 대기 조건의 관측값)에 포함된 약간의 오차도 계산을 반복함에 따라 누적되기 때문에 실제로 발생해야 할 대기 변화량보다 오차가 더 커져 버린다. 이를 카오스 현상이라고 부른다.

또 장기예보를 할 경우에는 전 지구 규모의 기상관측 자료를 필요로 하게 된다. 예로서 우리나라를 대상으로 이틀(48시간) 정도 예보를 한다면 동아시아 지역의 관측 자료만 있어도 된다. 하지만 한 주나 열흘 정도 예보를 하려면 서쪽으로 유럽까지의 관측 자료를 필요로 한다. 예보 기간이 길어지면 유럽 지역의 기상 상태가 편서풍을 타고 이동해 와서 우리나라 기상에 영향을 주기 때문이다. 따라서 예보 기간이 길어질수록 더 방대한 양의 관측 자료를 처리하고 계산을 해야 된다. 이 계산을 가능한 빠르게(이것이 고속 슈퍼컴퓨터를 필요로 하는 이유이다), 그러면서도 오차가 작도록 수행하려면 응용수학 부문의 기술 개발도 필요하다.

이런 문제를 하나하나 해결해 가야 하기 때문에, 기상학자들의 과제는 산적해 있으며 끝이 없는 문제이다. 우리나라에서도 2009년부터 2년간의 사전 조사와 기획·연구를 거쳐 2011년부터 한국형 수치예보 사업을 시작하였다. 이 사업에는 2011년부터 연간 100억 원 규모로 총 9년간 946억

원의 예산을 투입하였다. 국내외에서 40여 명의 석·박사급 연구 인력을 확보하여 출발하였고 그 후에 순차적으로 연구 인력이 충원되었다.

단기적으로는 현업에서 운영할 수 있는 세계 정상급 수준의 수치예보 시스템을 개발하고, 중장기적으로는 수치예보 모델링 분야에서 외국의 기술력에 의존하지 않도록—일본과 영국에서 수입해 온 수치모델을 사용하던 것에서 벗어나 자체 개발한 수치모델을 운영하도록—원천 기술을 확보하고 이를 지속적으로 발전시킬 수 있는 전문 인력을 양성하는 것을 목표로 하였다.

1차 과업이었던 한국형 수치예보 모델 개발은 성공적으로 마무리되어 2020년부터 기상청에서 운영에 들어가 있다. 그러나 후속 기술의 개발로 이어져야 했지만 1차 사업 기간을 끝으로 2019년에 해산되어 버렸다. 참여하였던 연구진들도 뿔뿔이 흩어지고 말았다. 그 이유는 2019년 국회의 환경노동위원회에서 한 야당 의원이 수치예보 모델의 지속적인 개량 작업이 필요하다는 사실을 인정하지 않고 결사적으로 반대를 하였기 때문이다.

하지만 이 사업은 재추진되어야 마땅한 사업이다. 더 이어져야 할 필요성의 예시를 하나만 든다면 태풍의 진로 예보를 사례로 들 수 있다. 진로 예측이 가능한 기간이 5일 정도인 미국에 비하여 우리나라의 가능 기간은 훨씬 짧다. 예측에 필요한 상세한 관측 자료를 확보하는 능력이 미국이 더 뛰어나다는 것이 가장 큰 이유이지만, 수치예보 모델 기술에서 앞서 있다는 사실도 무시할 수 없다.

예측 가능한 기간이 길어질수록 사람들은 태풍에 대비할 시간을 충분히 가질 수 있다. 어부들은 배를 안전한 곳으로 이동시킬 수 있고, 가두리 양식장도 외해로 이주시켜 피해를 대폭 줄일 수 있다. 농민들도 강풍과 침수 피해에 대비할 시간을 확보할 수 있다. 이를 위해서는 수치예보 모델의 기술을 발전시키고, 보다 많은 정보를 확보할 수 있도록 대기 관측에 비용을 더 투입하며 이를 능숙하게 다룰 수 있는 인력을 늘려야 할 것이다.

(다행히 2020년 말, 해체 1년여 만에 한국형수치예보사업단은 차세대 한국형수치예보사업단이라는 재단법인으로 재출발하였다. 이 사업단은 향후 7년에 걸쳐서 한국형 수치예보 모델을 정교화하는 업무를 수행하게 된다. 수치예보 기술 개발은 끊임없이 지속해야 한다는 점에서 한시적 기구로 존재하는 방식은 바람직하지 않으며 항구적으로 정착하여야 한다.)

날씨 예측이 빗나가는 이유

수치예보의 발전에도 불구하고 여전히 사람들은 일기예보의 정확도에 불만이 많다. 강력한 슈퍼컴퓨터, 위성, 레이더가 있는 데다 지상과 상층의 기상관측망이 촘촘히 정비되어 있고, 세계기상기구World Meteorological Organization, WMO를 허브로 하여 전 지구적인 자료 교환도 이뤄지고 있으므로 예보가 거의 정확해야 하지 않느냐는 기대가 많다. 그러나 실상은 여전히 모든 나라에서 시민들의 불만이 많은데, 특히 기상재해가 발생하는 극한 기상 현상에 대한 예보일수록 정확도가 더 낮은 까닭이다. 장마철이나 태풍이 지나갈 때에 강수량이나 강풍 예측이 어긋나서 기상청이 곤욕을 당하는 모습은 일상적이라고 할 만하다.

기상예보관들은 예보와 실제 상황이 다를 경우, 즉 예보가 틀렸을 경우엔 매우 신속하게 그 실수를 찾아서 설명해낸다는 말이 있다. 이 말은 기상예보관들은 지나간 기상 현상에 대한 설명은 잘 하지만 예측은 서툴다는 비난이 섞인 우스갯소리이다. 달리 말하면 기상예보관들은 기상 지식이 풍부하기에 날씨가 변해 가는 과정을 잘 알고 있음에도 불구하고 예측엔 종종 실패한다는 말이다. 이 글에서는 일기예보가 빗나갈 수밖에 없는 이유를 소개한다. 또 장기간 현장 관측을 통해서 자료를 축적하더라도 자연환경의 변화를 파악하는 데에는 오류의 위험성을 안고 갈 수밖에 없는 이유에 대해서 생각해 보자.

수치모델의 공간 분해능 부족

수치모델로 표현할 수 있는 현상의 규모는 모델이 이용하는 격자 간격으로 정해지는데, 대체로 격자의 5~8배라고 알려져 있다. 이 때문에 20킬로미터 격자의 전구모델로 표현할 수 있는 현상은 거의 100킬로미터 이상이다(직경이 10킬로미터이하인 현상들은 수치예보모델로 표현되지 않는다는 의미이다). 따라서 공간 해상도가 가장 좋은 국지모델의 해상도가 5킬로미터 정도이므로 여름철에 집중호우를 가져오는 직경 25킬로미터 이하의 작은 규모의 수직 구름에 의한 현상들은 수치모델로 직접 파악할 수가 없다. 수치모델의 공간 분해능 이하인 현상은 표현할 수 없으며, 표현되고 있더라도 의미가 없다고 간주하여야 한다. 연직 방향으로도 모델의 층 간격보다 세세한 구조는 표현할 수 없다.

예보가 빗나가는 경우를 특히 장마철에 자주 경험한다. 장마전선은 옆(동서 방향)으로는 길지만 남북 방향으로는 폭이 좁다. 그래서 장마전선의 북상과 남하가 약간만 예상과 달라져도 비가 온다던 지역에 강렬한 태양광선이 내려 쬐고 맑다던 곳엔 반대로 폭우가 쏟아지기도 한다. 장마전선의 폭은 수치예보 모델의 격자 간격에 비하면 남북 방향의 폭이 좁아서 그 내부에서 발생하는 격렬한 강수 과정, 장마전선의 이동에 영향을 미치는 기온과 기압의 공간 분포를 제대로 알 수 없다. 그래서 항상 오보의 가능성을 안고 있다.

수치모델이 갖는 이런 한계가 있음에도 불구하고 예보관들은 수치예보가 직접 나타내지 못하는 세세한 예보까지 수행할 필요가 있다. 그럴 경우에는 보다 큰 규모의 현상들로부터 세세한 현상이 나타날 가능성을 예상해 낸다. 즉 수치모델의 결과가 제시한 대기의 안정도, 습윤도, 수렴과 발산, 상승류역 등의 결과물로부터 보다 작은 규모의 현상들이 나타날 가능성을 예보자의 지식과 경험을 이용하여 예상하게 된다. 이런 과정에서 극한 강수와 같은 중요한 기상 현상을 놓치기 일쑤이다. 이를 보완하는 것은 예보관의 오랜 경험이다. 수치예보 모델이 발달한 오늘날에도 여전히 숙련된 예보관을 필요로 하는 이유이다.

지형 표현의 부족

수치예보 모델은 그 공간 분해능에 맞게 각각의 수치계산용 지형을 내부에 가지고 있는데, 실제의 지형보다 평균화, 평활화되어 있다. 수치모델 내의 지형은 실제보다 훨씬 완만해져 있다는 말이다. 따라서 지형이 복잡한 지역의 경우에 실제 발생하는 현상과 수치모델이 계산해 내는 결과는 상당히 달라진다.

이 때문에 지형이 주요 원인이 되어 발생하는 현상의 경우, 그 규모가 약 100킬로미터 이하인 기상 현상을 수치모델로 재현하는 것은 무리이다. 예로서 산의 사면에 의한 상승류로 강수량이 증폭되는 현상이 있다. 이런 경우, 과거의 사례를 모아 수치예보 모델의 출력 결과와 실제의 강수량 간의 차이를 분석하여 보정을 하고 예보를 낸다. 최근에는 통계적 기법을 병용하여 강수량 추정 권고서 등으로 이러한 약점을 보완하고 있다.

수치모델의 초기 입력 자료 부족

관측 자료의 품질 관리를 제대로 하더라도 실제의 관측치는 다양한 종류의 오차가 포함되어 있을 가능성이 있는데, 이것에 의해 수치예보 결과가 영향을 받는다. 설령 관측에 오차가 없다고 하더라도, 예로서 현재의 상층 기상관측망은 전구모델보다도 훨씬 성글어서 다른 자료를 부가하더라도 단일 시각의 자료만으로는 모델의 초기치로 불충분하다. 이 때문에 예보 사이클이라는 기법을 사용하여, 다른 관측 시각의 자료가 예보 모델을 통해 간접적으로 초기치에 들어간다. 이러한 초기치에는 관측치 그 자체의 오차와 관측점의 부족에서 생기는 해석적 오차가 포함된다.

따라서 수치예보 결과에서 작은 교란이 예상되는 경우 기상위성의 구름 영상이나 레이더 에코 등의 실황 자료를 사용해서 거짓 현상을 체크하여 제거하기도 한다.

물리 과정의 불완전성

수치예보 모델에는 다양한 물리 과정이 들어가 있다. 그런데 격자 간격 미만의 현상이 만드는 물리적 효과를 격자 간격 규모의 양으로 나타내는 경우(모수화parameterization)엔 어떤 가정을 두지 않을 수 없다. 이 때문에 실제 현상 그 자체와 모수화한 양은 일치하지 않는다. 이러한 물리 과정이 모델에 들어가 있다는 사실도 예보 오차를 만들어 내는 원인이 된다.

대기는 강수의 물리 과정에 민감하게 응답하지만, 강수의 물리 과정은 아주 복잡하다. 현재의 수치예보 모델 내의 모수화는 이런 복잡한 현상을 간단한 수식으로 만들어 이용하고 있다. 특히 강수를 수반하는 현상에서, 강수가 교란攪亂의 구조나 발달에 기여하는 정도는 매우 다양하다. 일반적으로 난후기warm-climate season 현상에서는 응결열의 절대치가 커서 교란보다 영향이 크다. 특히 태풍과 장마기의 중규모 교란의 발달과 쇠약은 강수의 물리 과정과 깊게 관련되어 있다. 최근의 수치예보는 이들의 물리 과정을 상당히 정교하게 반영하게 되었지만, 여전히 교란을 지나치게 발달시키는 경우 등이 발생하기도 하여 한계가 분명하다.

반복 계산에 따른 오차 증폭 현상

수치모델에서는 다양한 원인으로 생긴 오차 및 대기 지배 방정식이 비선형이기 때문에, 계산 과정이 길어질수록 오차가 증폭되어 의미 있는 기상 현상을 가져오는 교란 현상을 만들어 내기도 한다. 초기의 아주 작은 오차가 전혀 다른 결과를 만들어 버리는 것이다. 이것이 세상에 널리 알려진 카오스 이론이다.

이 때문에 수치예보 모델은 가능성이 있는 몇 가지 다른 기상 상황 가운데 하나를 제시하는 것인데, 수치모델로 나타나는 것 이외의 상황도 출현할 가능성이 있다는 것을 염두에 둬야 한다. 그래서 최근에는 주간 예보와 계절예보 등에 약간씩 다른 초기 자료로 만들어 내는 앙상블 예보(175쪽 참고) 등의 기법을 도입해, 몇 가지 상황이 현실에 나타날 가능성을 확률로 표현하고 있다.

무작위로 발생하는 국지성 강수의 특성

이동성 저기압에 수반되는 강수의 경우 예측이 빗나가는 사례를 찾기는 어렵다. 주로 여름철에 국지적으로 지표면이 열을 받아 가열된 하층 대기에서 상승류가 발생(대기 불안정), 구름이 생성되고 비가 내리는 경우에 오보가 자주 발생한다.

이런 대기 불안정과 그로 인한 대기의 대류 현상은 다음과 같은 간단한 실험을 통해서 이해할 수 있다. 비커에 물을 넣고 바닥을 가열하면 하층이 고온, 상층이 저온 상태가 되어 대류가 일어난다. 대류 현상으로 인하여 비커 하층에서 상층으로 물이 올라오는 부분과 상층에서 하층으로 내려가는 곳이 발생한다. 이것을 대기의 대류 현상에 비교한다면, 물이 상승하는 곳이 기류가 상승하여 구름이 생성되고 비가 내리는 영역에 해당한다. 구름이 생성된 부근에서 비가 내리므로 상승류 지역과 강수 지역은 대체로 일치한다.

누구나 비커의 아래 부분을 가열하여 불안정 상태로 만들어 주면 이렇게 대류 현상이 발생한다는 사실은 알 수 있지만, 비커 내부에서 어느 부위에서 상승기류가 발생하고 어느 부위에서 하강기류가 발생할 것인지는 알 수가 없다. 아주 미묘한 열적 차이로 상승기류와 하강기류 발생 지역이 갈리게 된다. 대류 모델에서는 이런 초기의 미묘한 열적 차이를 난수를 이용해서 부가한다.

이렇게 지표면 가열 효과로 대기가 불안정해져서 발생하는 국지적 폭우 현상에 대해서는 강수 가능성을 예상할 수는 있지만 강수가 발생하는 지역까지 특정할 수는 없다. 여름철에 같은 동네에서도 어느 곳은 엄청난 폭우가 쏟아지고 그 부근에서는 비가 거의 내리지 않는 현상을 경험할 수 있는데, 예보관이 이런 강수에 대해서 강수가 집중될 지역을 미리 알아내는 것은 원리적으로 가능하지 않다.

이렇듯 넓은 지역을 대상으로 큰 폭우가 있을 것으로 예측했지만 폭우가 내리는 좁은 지역까지 맞출 수는 없었던 사례로 서울 서초구 우면산 폭우 사건을 들 수 있다. 우면산에 폭우가 쏟아졌던 2011년 7월 26~28일, 수도권과 강원도 지방에 3일간 집중호우가 있었다. 이때 사흘 동안 서울에서는 무려 587밀리미터가 내렸는데 이는 서울 연평균 강수량의 40퍼센트에 달하는 양이다. 7월 27일이 절정이었는데,

하루 동안에 301밀리미터를 기록했다.

이런 엄청난 폭우가 우면산에 쏟아졌지만 인근에 위치한 관악구는 매우 적은 양의 강수량을 기록하였을 뿐이었다. 이런 국지 규모의 비를 일컬어 옛날 사람들은 소나기는 소의 머리에 쏟아져도 꼬리 부분에는 안 내린다고 다소 과장하여 말하기도 했었다.

장기예보가 부정확한 이유

해에 따라서 혹서 또는 저온의 여름이 발생하고, 겨울의 기온과 강수량에도 큰 편차가 나타난다. 그런데 이러한 계절 기후의 특성을 미리 전망하는 일은 매우 어렵다. 수일 이내를 대상으로 하는 단기예보의 정확도에 비하여 예측 대상 기간을 1개월 이상으로 하는 장기 예측(전망)의 정확도는 많이 떨어진다. 그 이유는 무엇일까?

우선 장기 기후 전망은 해양의 영향을 많이 받는데, 해수온도의 장기적 변화를 예측하기가 어렵다는 사실을 들 수 있다. 해양의 열용량은 육지보다 훨씬 큰데, 대기 열용량의 400배에 달한다. 난류의 영향을 크게 받는 북유럽은 같은 위도대에 위치하면서 난류의 영향을 받지 않는 다른 지역에 비하여 평균 기온이 훨씬 높고 일교차와 연교차가 작다는 사실을 생각해 보면 해류가 기후에서 차지하는 비중을 짐작할 수 있다. 그래서 기후 전망 대상 기간이 길어질수록 해양의 상태를 파악하는 일이 중요하다.

대기에 직접 영향을 미치는 것은 해수 표면의 온도인데, 표면 온도를 포함하여 해수의 온도는 해류 운동에 의해 결정된다. 문제는 해류 운동이 매우 불규칙하여 해수 온도의 공간 분포를 예측하기가 어렵다는 점이다. 해류 운동에는 다양한 주기를 가진 여러 인자들이 관여하기 때문이다. 어떤 인자는 백 년 이상의 주기를 보이기도 하는데, 이들이 서로 간섭하여 상승 혹은 상쇄 효과를 내며 해류 운동의 불규칙성을 계속 만들어 낸다.

해양 수중 온도의 관측이 기술적·경제적으로 어렵다는 사실도 그 이유가 된다. 대기와 달리 해수는 전자기파를 잘 흡수하는 성질이 있어 수중에서는 전자기파를 통한 원거리 정보 전달이 어렵기 때문에, 기상관측에서 사용하는 라디오존데radiosonde와 같은 실시간 정보 전달이 가능한 관측 기기를 사용하기 어렵다. 따라서 해수 표층 아래의 물리적 정보를 얻고자 한다면 배를 직접 타고 현장에 나가 관측을 해야 하는데, 여기에는 많은 시간과 비용이 소요된다는 난점이 있다. 그래서 수중 온도의 분포 자료가 기후 전망에 매우 중요한데도 실효성이 있는 자료를 기후 예측 모델의 입력 자료로 사용하는 데에는 제약이 많다.

해양-대기의 상호작용 메커니즘에 관한 이해 부족도 간과할 수 없는 요인이다. 바람은 해수 온도의 공간 분포 차이로 발생하고, 발생한 바람은 해류를 만들어 해수 온도 분포를 바꾼다. 즉 바람과 해류는 서로 발생의 원인으로 작용하는 인과적 상호작용을 한다. 그런데 그 메커니즘을 구체적으로 이해하려고 하면 그 관계가 명료하게 규명되지 않는 경우가 많다. 예를 들어 세계 각지에 이상기후를 발생시키는 엘니뇨 현상의 경우, 그것을 유발하는 해류와 바람의 상호작용에 대한 이해가 여전히 부족하기 때문에 다음번 엘니뇨 현상이 언제 발생할지를 제대로 예측하기가 어려운 실정에 있다.

기후 시스템이 카오스적 성질을 가지고 있다는 것도 수치모델을 이용한 장기 기후 전망을 어렵게 만든다. 카오스적 성질을 갖는 시스템은 시간에 따라서 불규칙하게 변하기 때문에 두 번 다시 똑같은 상태가 나타나지 않는다. 기후 모델의 초기 입력 자료로 사용되는 기상관측 자료에는 필연적으로 오차가 포함되기 때문에 예보 기간이 길어질수록 예보 결과는 사실과 동떨어진 결과를 산출하게 된다.

이런 문제에도 불구하고 수치모델을 이용하여 장기 전망을 하는 방법이 '앙상블 기법'이라는 것이다. 앙상블 기법이란 여러 개의 수치모델로 장기 예측을 각각 수행한 후에 그 결과를 평균하거나, 하나의 수치예보 모델에 고의로 약간씩 값의 차이를 준 관측 자료를 초기 입력 자료로 사용하여 여러 번의 계산을 수행하고 그 결과를 평균하는 방법이다. 이러한 방법을 구사하면 기후 시스템의 카오스적 성질을 극복하는 데에 어느 정도 유효하다.

예보 한계의 사례

장마전선대의 이동과 대체적인 강수량은 수치예보를 기반으로 24시간 단기예보가 가능하지만, 실제로 집중호우가 내릴 때에 그것의 시각, 장소, 양에 대한 정보는 현상이 만들어지는 시기가 되어야 파악할 수 있다. 위성·레이더 자료 등을 이용하여 만들어야 한다. 이것이 속보로 전달되는 기상 재난 정보이다.

최근 사람들이 기상청 정보를 불신하여 노르웨이 등 외국 기상청 정보를 이용한다는 언론 보도로 소동이 있었다. 하지만 해외 기상청에서 제공하는 정보는 수치모델이 산출하는 24시간 단기예보이지 긴급 재난 정보인 초단기 기상정보가 아니다. 그런 정보로 기상 재난에 대처할 수 없고, 그런 소동에 언론이 부하뇌동한 건 창피한 일이다.

2020년 여름철 폭우에 대한 기상청 예보를 평가하려면 단기예보와 초단기예보 부문으로 나눠서 검토해 보아야 한다. 그렇게 검토해 보면 2020년 여름 기상청 예보는 나름 선방했다는 평가를 내릴 수 있다. 장마의 북상과 남하를 비교적 잘 예보하였고, 초단기 기상 재난 정보도 대과大過가 없었다. 기상청은 2020년도 여름의 기후 전망에서 북쪽의 찬 공기 세력이 강하고 남쪽 해상의 북태평양고기압 세력의 발달은 늦어져서 장마의 시작과 끝이 평년 대비 5일 정도 늦어질 것으로 전망했었다. 다만 장마가 끝나는 7월 말부터 북태평양고기압 세력이 북상하고 티베트고기압과 중국 내륙에서 만들어지는 고온의 공기도 우리나라에 영향을 미쳐서 고온이 길게 이어질 것으로 전망했다.

이렇게 놓고 보면 기상청의 2020년도 여름 전망은 7월 말까지는 대체로 적중했지만 8월부터의 기후 전망에서 틀렸다고 평가할 수 있다. 이런 결과가 나온 이유는 어디에 있을까? 그것은 동아시아 상공을 지배한 찬 공기의 세력이 7월 말 정도면 해소될 것으로 오판한 것에 기인한다. 하지만 이런 현상까지 정확하게 전망하는 것은 오늘날의 기후학 지식 수준으로는 어려운 일이다. 일본과 중국 기상청도 이런 현상을 전망하지 못했다는 점에서 다르지 않았다.

기상학의 미래

장래 기상학의 모습은 어떻게 발전해 갈까? 관측과 수치 모델의 발달로 그동안 해결하지 못하고 있던 구름물리 등 다양한 과제들에 대한 이해가 높아져 갈 것이다. 그와 동시에 학제 간 연구를 통하여 새로운 영역(드론 기상학, 도로 기상학, 생물기상학 등)을 개척해 갈 것으로 예상된다. 그래서 강수, 바람, 기온과 같은 기상 현상을 다루는 기상학에서 보다 광범위한 부문을 포괄하는 대기 과학으로 발전해 갈 것이며 기후 연구와 지구환경 문제를 포괄하는 지구시스템과학으로 자리 잡아 갈 것이다.

또 기상학 지식의 응용과 기상 조작 기술을 종합하여 기상 공학이라고 부르는 새로운 학문 분야를 만들어 낼 것으로 기대된다. 이 분야는 지금의 응용 기상학이라는 개념을 뛰어넘어 새로운 학문 체계를 구성할 것이며, 이 새로운 학문 체계는 사회·경제·문화 등 사회 전반에 걸쳐 필수불가결한 역할을 담당할 것으로 예상된다. 이들 문제를 생각해 보자.

지구시스템과학으로의 발전

기상학은 학문의 성격상 태생적으로 관여하는 분야가 넓은 학문이다. 말하자면 식생, 해양, 토양, 천문, 인간 활동(도시화, 농경지 확대 등) 등의 영향을 모두 감안하여야 기상 현상을 예측할 수 있다. 장래에는 기상학 자체의 발전, 사회적 수요의 확대로 기상학이 감당하는 전문 분야가 더욱 빠르게 늘어날 것이다.

20세기 말에 기후변화의 문제가 본격적으로 대두되면서 장기적인 기후 전망에 대한 사회적 수요가 크게 증가하였다. 이에 응답하기 위하여 기상학은 생물권·지권·수권·빙권과 대기 간의 상호작용까지 다룰 수 있는 영역으로 확대되었다. 여기에 지구환경 보전과 대기의 전자기 현상(오로라,

태양풍, 대기 전리층 등)까지 포함하는 지구시스템과학earth system science으로 나아가고 있다. 지구시스템과학은 '지구'와 '지구적 규모로 발생하는 지구환경의 변화와 주기적 변동 현상'을 종합적으로 다루기 위하여 관련 학문 분야의 지식을 연계해 하나의 새로운 학문을 구축하는 개념이다.

지구시스템과학과 같은 학문을 하는 바람직한 자세는 개별 지식을 심화하는 일과 학문 전체로서 추구해야 할 큰 흐름을 보려는 노력을 멈추지 않는 것이다. 지구시스템과학에서는 어떤 특정 분야를 깊이 아는 전문가specialist이면서 동시에 다방면의 지식을 갖춘 만능인generalist의 풍모를 갖춘 과학자를 요구한다는 의미이다. 물론 다른 학문 영역도 장래에는 그런 인재를 필요로 할 것으로 전망한다.

지구시스템과학은 이제 출발하는 단계에 있지만 빠르게 발전하고 있다. 전 지구적 현상을 종합적으로 이해하고자 미국항공우주국NASA이 준비하는 지구시스템과학의 개관을 다음과 같이 정리할 수 있다.

지구시스템과학의 최종 목적은 전 지구 규모로 발생하는 자연현상을 과학적으로 이해하는 일이다. 지구시스템을 구성하는 지권, 기권, 수권, 빙권, 생물권의 각 성분은 어떻게 변할까? 각 성분 사이에 나타나는 상호작용이 어떻게 나타날까? 각 성분의 기능과 역할은 어떻게 되어 있을까? 각 성분은 전체로서 시간이 지남에 따라 어떻게 변해 갈까? 이런 의문에 답을 하는 것이다. 나아가 도전해야 할 과제는, 향후 십 년에서 백 년에 걸쳐 자연적 또는 인간 활동의 결과로 발생할 수 있는 변화에 대한 예측 능력을 개발하는 것이다. 이 목표를 달성하기 위해 다음과 같은 기반을 준비해야 한다고 지적한다.

(1) **전 지구 규모의 관측 체제 구축** : 전 지구 규모로 관측망을 구축하여 물리학적·화학적·생물학적 과정의 변화를 파악할 수 있어야 한다.

(2) **전 지구적 규모로 발생하는 변화의 기록** : 장기간에 걸쳐서 지구시스템에서 발생하는 다양한 변화를 기록하여 정보를 공유한다.

(3) **예측** : 지구시스템을 평가할 수 있는 정량 모델을 이용하여 전 지구적 변화 경향을 예측한다(지구시스템 예측 모델의 개발).

(4) **정보 베이스** : 전 지구적 규모로 나타날 변화에 효과적으로 대응할 수 있는 정책의 결정에 필수불가결한 정보를 수집한다.

기후변화와 환경에 대한 위기감이 고조됨에 따라 지구시

스템과학을 통한 지구환경의 진단과 전망, 그리고 효과적인 대응·대책 수립의 필요성도 더욱 높아지고 있다. 기상학은 장래 이 문제에 응답할 수 있는 영역으로 확장될 것이다.

지구관측시스템

지구관측시스템Earth Observing System, EOS이란 지구의 지표면, 대기, 해양, 그리고 생물권의 현황을 장기적으로 관측하기 위한 다국적 인공위성 관측 프로그램을 말하며, 1997년에 NASA를 중심으로 구성되었다. 관측으로 얻어지는 자료는 지구시스템과학의 발전에 필수불가결한 기반이 된다. EOS는 그 후 전 세계 주요 국가들이 참여하는 지구관측그룹Group on Earth Observations, GEO으로 발전하였다. 지구온난화, 급증하는 자연재해 등 전 지구적 문제의 해결 방안을 찾기 위해 전 세계가 협력하는 통합된 전지구관측시스템Global Earth Observation System of Systems, GEOSS의 구축 필요성이 제기되었으며, 이를 추진하기 위한 지구관측그룹이 2005년 2월 정식 설립되었다.

우리나라는 창설 회원국으로 GEO에 가입하였다. 지금까지 GEO 집행 이사국으로 참여하고 있으며, 2018년부터는 아시아-오세아니아 지역 GEO의 공동 의장국으로도 활동하고 있다. 한국지구관측그룹K-GEO은 생물종 다양성과 생태계, 환경, 산림, 국토 및 도시계획, 재난, 재해, 해양, 수자원, 농업, 기상·기후, 에너지, 자원 등 다양한 주제 분야에 걸쳐서 전문 연구 기관과 학술 단체들이 참여하고 있다.

지구관측위성은 기본적으로 물과 에너지의 순환, 해양의 순환과 열의 변화, 대기의 화학반응, 지표면, 극지역의 설빙 변화 등을 관측함으로써 이들이 기후에 미치는 영향과 환경의 변화를 예측하는 데에 기초 자료로 사용된다. 극지역의 설빙 면적 변화는 기상청이 계절예보를 하는 데에도 중요한 자료로 활용된다.

위성 영상은 현재의 실생활에도 쓰이고 있다. 도시나 농촌을 개발할 때 자연환경에 미치는 영향을 최소화하도록 설계하는 데에 활용한다. 삼림 관리에 있어서도 적정한 벌채와 식목을 하는 데에 지구관측위성의 자료를 이용한다. 농업 종사자들도 토양과 수자원의 효과적인 보전 대책 수립에 위성 영상을 이용한다.

지구관측위성의 자료는 해양의 바람을 파악하는 데에도 이용된다. 해양의 바람은 대기와 해양 사이의 열, 수증기, 탄산가스의 교환에 큰 영향을 미친다. 이러한 공기-바다 사이의 열과 물질의 교환은 기상과 기후에 영향을 미친다. 위성 영상으로부터 얻는 해양의 광범위한 영역에 걸친 바람 자료는 열대 폭풍(태풍)의 이동을 예측하는 데에도 필수불가결한 자료이다. 해양관측 위성은 태양빛이 도달하는 해양 표면 근처에 부유하는 플랑크톤 상황을 색깔의 변화로 감지할 수 있다. 이 자료로부터 해양의 건강 상태와 해양의 생화학 반응을 파악할 수도 있다. 이 자료는 어군 형성 예측에 이용되어 고기잡이에 도움을 주고 있다.

기상 기술의 시스템화와 기상 공학의 구축

오늘날 기상학은 전자공학을 중심으로 한 여러 첨단 과학에 기반하고 있다. 수치예보는 슈퍼컴퓨터의 발전에, 관측 자료는 인공위성, 항공기, 레이더 등의 첨단 과학기술에 도움을 받고 있다. 이들 과학기술은 과거엔 독자적으로 기상 현상을 관측하여 자료를 제공해 왔지만 최근에는 시스템화되어가고 있으며, 그에 따라서 기상 현상의 특성을 파악하고 예측하는 데에 최적의 자료를 제공할 수 있도록 발전하고 있다.

기상 공학이란 기상 현상에 관계하는 여러 문제를 공학적인 측면에서 기상학의 발전에 기여하는 기술이라고 정의할 수 있다. 지금까지 응용 기상학이라든가 산업기상학이라고 불려온 분야를 포함하지만, 이보다 훨씬 더 포괄적인 체제를 만들어 보다 적극적으로 사회·경제·문화에 기여하는 것을 지향한다. 기상 공학을 구성하는 중요 분야로 제시되는 것을 정리하면 다음의 다섯 가지로 요약할 수 있다.

(1) 측정·관측·감시(장기적인 변화를 연속적으로 관측하는 것)에 관계하는 분야
(2) 자료 수집, 자료 처리, 자료의 교환·제공·배포에 관계하는 분야
(3) 자료의 분석과 보존에 관계하는 분야
(4) 예보에 관계하는 분야
(5) 기상 자료의 활용과 정보화에 관계하는 분야

이 중에서 기상 공학의 중심이 될 것으로 기대되는 분야는 (5)이다. 지금에 비하여 장래에는 질적으로 완전히 다른 새로운 기술의 시대가 열릴 것으로 전망된다. 최근 인공지능AI을 위성과 레이더 영상 자료 분석 및 계절예보에 도입하는 기술이 빠르게 발전하고 있다. 국립기상과학원은 수년

전부터 이 분야를 전문으로 연구하는 연구실을 조직하여 운영하고 있으며, 기상청의 일기예보를 예보관이 수행한 경우와 AI가 수행한 경우를 비교·분석하는 작업도 이뤄지고 있다. AI는 위험 기상을 알리는 레이더와 위성 구름 사진의 판독에 사람보다도 더 뛰어난 능력을 발휘하는 것으로 확인되며 불규칙한 주기 현상을 보이는 장기적인 기후변동의 예측에도 탁월한 능력을 발휘한다. 그래서 멀지 않은 장래에 예보관과 AI가 협업하여 일기예보를 하는 시대가 활짝 열릴 것이며 기상예보의 정확도에 비약적인 개선이 예상된다.

기상 공학의 전문가시스템 이야기

기상 기술이 시스템화되어 기상 공학 분야가 실용화되는 세상이 만들어진다면 그것을 주도하는 기술은 인공지능일 것이다. 기상학계에서 인공지능을 이용하기 시작한 것은 1980년대 초였다. 그 당시엔 초보적 수준에 불과한 기술이었지만 일기예보와 기상 재난 경보의 판단을 인공지능에 맡겨보는 시도를 시작했다. 이런 분야의 기술을 기상 전문가시스템이라고 부른다.

기상 전문가시스템은 해결하고자 하는 특정 기상 현상에 관련된 데이터베이스, 해당 기상 사건을 이해하는 데에 필요한 각종 이론 지식, 알려져 있는 경험 법칙과 정보, 추론과 판단 기준 등의 다양한 정보로 구성된다.

오늘날 인공지능 기술은 상당한 수준에 이르러, 실무에 투입되어 검증받고 있는 단계라고 말할 수 있다. 기상재해 예·경보에 인공지능을 도입하면 예보 정확도가 30퍼센트 이상 높아진다고 보고된다. 인공지능의 활용을 촉진하기 위하여 관련 기술에 관한 정보를 전 세계가 공유하는 국제회의도 활발하다. 예로서 미국기상학회는 1985년부터 세계기상기구와 공동으로 '기상학·해양학·수문학을 위한 대화식 정보처리 시스템에 관한 국제회의'를 매년 개최해 오고 있다. 이 국제 학술회의는 매우 광범위한 주제를 다룬다. 일기예보 자료 생산에서 정보 전달 서비스 일괄 처리 시스템 구축, 자료의 보존과 품질 관리, 기후 전망, 홍수 예·경보시스템, 대화형 정보처리 시스템 등을 망라한다.

장래에는 일기예보 정보 생산만이 아니라 생산된 정보를 일반 사용자들에게 제공하는 형태도 크게 변할 것이다. 현재와 같이 언론 보도에 수동적으로 의존하는 형태를 벗어나서 인공지능이 사용자마다 맞춤식으로 필요한 정보를 검색

해서 최적의 정보를 전달하는 능동적 패턴으로 발전할 것으로 전망된다.

예로서 2022년부터 기상청은 폭염 영향 예보를 실시하는데, 이것은 폭염 정보를 지역과 수요자의 특성을 감안하여 다양한 정보를 제공하는 시스템이다. 당장은 지금처럼 언론이 다수의 수요층에게 적용되는 정보를 중심으로 전달하거나 또는 수요자들 스스로가 기상청 웹 페이지를 방문하여 자신이 필요한 정보를 찾아야 한다. 그러나 장래에는 인공지능이 수요자 개개인에게 특화된 정보를 찾아서 전달하는 방식으로 발전할 것이다.

제 4 장

지구 기후위기와 기후공학

4장에서는 지구온난화에 따른 기후위기의 진정한 문제와, 지구 기후가 티핑포인트(tipping point, 어떤 역치에 도달하면 온도의 상승 등 외부 요인이 약간만 변해도 인류에게 큰 영향을 미치는 기후 현상이 발생하는 것)를 향해서 내달려도 그걸 제대로 인식하지 못하는 이유에 대해서 이야기한다. 지구에 생명체가 나타난 이래로 천문학적 요인과 지구의 지각운동이 원인이 되어 일곱 차례의 빙하기가 나타났고 다섯 차례의 대멸종 시기가 있었다. 이렇게 엄청난 규모의 기후 격변이 발생하는 데에 대기 중 온실가스 변화가 수반되었다는 지질학적 증거가 확인되고 있다.

'밀란코비치 순환'으로 알려진 천문학적 요인을 별개로 하더라도 지구에는 거대한 규모의 대륙 이동과 지각 변동이 끊임없이 이어진다. 그 과정에서 대기의 이산화탄소 농도에 큰 변화가 생긴다. 그것이 기후를 크게 바꾸고 생태계 자체를 바꾸어 버리기도 한다.

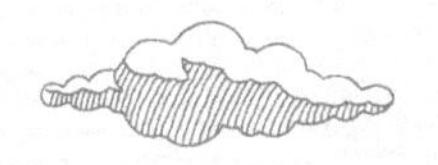

지금의 지구온난화는 지구 역사에서 수천만 년에 걸쳐 나타났던 기후 격변이 불과 수백 년 사이에 나타나고 있는 것이다. 그것도 인간이라는 특정한 한 종에 의해서 돌발적으로 발생하고 있다. 지난 지구 역사에서 종의 대멸종은 기온의 하강으로 나타났지만 지금의 대멸종 위기는 기온의 급상승으로 나타날 가능성이 높다. 지금의 기후위기는 지구 역사에서 없었던 특이한 사건이다.

온실가스와 지구 기후위기

지구온난화와 온실가스의 두 얼굴

20세기 이후 뚜렷해진 빠른 기온 상승의 원인은 산업혁명 이후 대기에 적체되어 온 온실가스에 있다는 것이 주지의 사실이다. 이 문제에 답하기 위하여 지구 대기가 갖는 온실효과에 대해서 생각해 보고자 한다.

태양에서 비교적 파장이 짧은 가시광선 등의 빛이 지구로 들어온다. 한편 지구로부터는 적외선 복사가 나간다(이 적외선 복사는 지구의 온도가 높을수록 더 많이 나간다). 지구는 이 둘이 균형을 이루어 복사평형 상태에 있다. 태양에서 들어오는 빛과 균형을 이루는 지구의 온도를 계산해 보면 -17℃가

된다. 그런데 실제 지구의 지표면 평균기온은 15℃ 정도이다. 즉 지구의 복사평형을 만족하는 온도가 -17℃인데 실제로 우리가 경험하고 있는 지표 평균온도는 +15℃이어서 양자 사이에는 32℃의 차가 있다. 이 차는 온실가스에 의한 것으로 이 온실효과가 지구 표면을 온난하게 만들고 있다. 대기 중의 온실가스는 수증기, 이산화탄소, 메탄, 이산화질소 등이다. 그 농도는 대기의 0.1퍼센트 이하에 불과하지만 지표 온도에 큰 영향을 미치고 있다(125~128쪽 참고).

온실가스는 적외선을 흡수하는 것으로 잘 알려져 있는데 그와 동시에 적외선을 방출한다. 비교적 따뜻한 지면에서 나와 위를 향하는 적외선 복사는 대기 중의 온실가스에 흡수된다. 동시에 대기 중의 온실가스는 지표에 비해 온도가 낮은 대류권 중간 정도의 고도에서 위를 향해 적외선 복사를 방출한다.

온실가스는 아래쪽 따뜻한 곳에서 오는 적외선 복사를 흡수하고 대류권 중간 높이 고도에서 비교적 온도가 낮은 곳으로 재방출하므로, 대기의 가장 위에서 나가는 복사의 유효 복사원(500hPa 고도)의 온도가 -17℃이어서 지표면보다 약 32℃ 낮다. 즉 -17℃인 대류권의 중간 고도에서 나가는 복사에 의한 냉각과 바깥에서 들어오는 일사의 흡수에 따른 가열이 균형을 이루고 있다.* 지표면의 온도는 그것에 비하여 32℃나 높음에도 불구하고 지구의 복사 열수지가 유지되고 있다. 이것이 온실효과이다. 온실효과 덕분에 지표면의 평균 온도는 약 15℃로 지켜져서 우리가 살아갈 수 있다.

그런데 대기 중 온실가스 농도가 증가하면 지표만이 아니라 대류권 전체의 기온이 상승하여 온난화가 발생한다. 대류권의 기온이 올라가면 공기의 포화수증기압과 절대습도가 증가한다. 수증기는 강한 온실효과가 있기 때문에 지구 대기의 온난화는 더욱 가중된다. 유효 복사원의 고도는 더욱 높아지고 온실효과의 규모가 32℃를 넘어서 그보다 더 커진다. 이러한 이유로 온실가스 증가로 지구온난화가 실제로 얼마나 진행되고 있는가를 판단하는 데에는 유효 복사원 고도의 변화가 유력한 증거가 될 수 있다. 그런데 현재 지구 대기의 유효 복사원 높이인 500hPa 고도의 기온 변화를 조사해 보면 뚜렷한 증가가 감지되지 않는다. 지금도 지구온난화에 의심을 가지고 있는 기후학자들이 존재하는데 그들

* 지구 대기는 바닥에서 맨 꼭대기까지 모든 고도에서 복사에너지가 우주로 방출되는데, 방출되는 온도와 온실가스의 농도가 높을수록 더 많은 복사에너지가 방출된다. 이들 각 고도에서 방출되는 복사에너지의 평균량에 해당하는 복사에너지를 방출하는 곳을 유효 복사원이라고 말한다.

은 유효 복사원 고도에서 유효한 수준의 기온 변화가 감지되지 않는다는 점을 근거로 들고 있다.

2만 년 전의 지구는 빙하기로 지표면의 온도가 대단히 낮았는데, 근래 9천 년 동안은 기온이 온난하고 비교적 안정되어 있었다. 이것이 최근 급격하게 변하기 시작했다. 기후가 급속히 변하면 생태계가 적응하지 못하는 문제가 발생한다. 이산화탄소 등의 온실가스는 인간과 식물의 생활에 필수불가결한 것이지만 그것이 급속하게 증가하면 지금의 지구생태계는 생존이 곤란해진다.

지질시대의 지구온난화

기후변화의 역사를 수천만 년, 나아가서 1억 년이라는 시간 규모에서 보면 대단히 큰 규모로 변화하였다는 것을 알 수 있다. 이렇게 긴 기간에 걸친 탄소순환 변동에 대해 버너(R. A. Berner, 1935~2015)가 탄소순환 모델을 이용해서 연구했다.**

** R. A. Berner, *The Phanerozoic carbon cycle: CO2 and O2*, (Oxford Uni. Press, 2004), pp. 160.

비가 내리면 대기 중의 이산화탄소가 빗방울에 녹아서 산성을 갖게 되고, 이 산성화된 빗물이 규회석硅灰石, wollastonite을 녹인다(풍화작용). 그렇게 녹은 규회석이 하천을 통해 바다로 흘러든다. 이 광물이 플랑크톤과 산호초에 흡수되어 석회암 CaCO3으로 바뀌어 해저에서 퇴적물로 쌓인다. 이 석회암 퇴적물은 해구에서 지각 아래로 가라앉았다가, 화산활동을 통해 다시 이산화탄소가 대기로 나간다. 즉 풍화작용이 강해지면 대기 중 이산화탄소 양이 줄어든다. 화산활동이 활발해지면 대기 중에 이산화탄소 농도가 증가한다.

이러한 화학 과정으로 대기 중 이산화탄소 농도가 크게 변하면서 중생대에서부터 오늘날에 이르기까지 기후가 대규모로 변화하였다. 예로서 중생대 백악기에는 대륙 이동속도가 비교적 빨라서 화산활동이 활발했고 따라서 대기 중 이산화탄소의 농도가 높았다. 그 후 서서히 대륙 이동속도가 느려지고, 지금으로부터 2천만 년 전부터 융기한 히말라야 주변에서 풍화작용이 증가하여 대기 중의 이산화탄소가 줄어들어 기후가 한랭해졌다.* 최근 수천 년 동안은 간빙기

* M. E. Raymo, "New insights into Earth's history: An introduction to Leg 162 postcruise research in the outside literature", *Scientific Results of the Ocean Drilling*

로 기후가 대체로 온난했지만 그 이전 2백만 년 동안은 기온이 낮은 제4기라고 불리는 한랭기(빙하시대)였다.

이처럼 수천만 년, 일억 년 단위로 큰 기후변화가 발생해왔는데 지금 우리는 백 년, 이백 년이라는 비교적 짧은 기간에 대량의 화석연료를 연소시켜서 과거의 대규모 기후변화와 같은 정도로 큰 기후변화를 만들지도 모른다.

J.C.G.워커와 J.F.캐스팅에 따르면, 규제 없이 화석연료를 계속 사용하고 열대우림을 벌채한다면 이삼백 년 후에는 이산화탄소 농도가 지금의 네 배까지 증가할 가능성이 크다고 한다. 파리 신기후체제에 따라서 국제사회가 온실가스 배출에 엄격한 규제를 하더라도 대기 중 이산화탄소 농도를 금세기 말까지 산업혁명 이전에 비하여 두 배 이내(560ppm)로 억제하기가 어렵다고 지적하였다.**

그래서 지구온난화가 먼 장래에는 어떻게 될 것인지를 살펴보면, 이산화탄소 농도가 지금의 네 배로 증가한 경우에

Prog, vol. 162(1999), pp. 273~275.

** J. C. G. Walker and J. F. Kasting, "Effect of fuel and forest conservation on future levels of atmospheric carbon dioxide", *Palaeogeography, Palaeoclimatology, Palaeoecology.*, *97*(1991), pp. 151~189.

는 기온이 전구 평균으로 7℃ 정도 상승하는데, 육상에서는 7~12℃ 정도 상승한다. 해상에서는 비교적 적은 5~6℃ 정도 상승하지만, 해빙이 대폭 감소하는 북극해 주변에서는 16℃에 달한다. 이렇게 기온이 대폭 오른다면 지구의 표면 온도는 공룡이 살았던 백악기 후기 수준에 도달하게 된다.*

이러한 큰 기후변화가 발생하면 지구 생태계에 큰 영향이 올 것을 상상하기는 어렵지 않다. 지금의 생태계를 구성하는 생명체들은 저온기에만 살아갈 수 있을 뿐이라는 걸 기억해야 한다.

* S. Manabe and R. Stouffer, "Multi-century response of a coupled ocean-atmosphere model to an increase of atmospheric carbon dioxide", *Journal of Atmospheric Science, 7*(1994), pp. 5~23.

지구환경 변화를
제대로 알기 어려운 이유

인간 감각과 환경 변화 규모의 문제

오늘날 사람들은 기후의 불규칙한 변화를 경험할 때마다 그 원인을 지구온난화의 영향이라고 입에 올리는 경향이 강하지만, 사실 지구 규모로 변하는 기후를 인간이 경험적으로 제대로 인식하기는 어렵다. 그 이유를 살펴보자.

시각은 빛을 이용한 환경 인식 장치이고, 청각은 소리를 이용한 환경 인식 장치이다. 이들 장치로 수집한 정보가 대뇌로 전달되고, 그곳에서 고도의 자료 분석 과정을 거쳐서 주변 환경을 인식한다. 그렇지만 이들 장치는 생물 진화의 긴 과정을 통하여 일상생활을 하는 데에 필요한 정도만 측정할 수 있도록 범위가 제한되어 있다. 빛과 그림자는 다양한 파장대에 걸쳐서 존재하지만, 인간의 눈이 감지할 수 있는 정보는 파장이 0.3~0.8㎛(가시광선)에 속하는 극히 좁은 범위에 한정된다. 귀가 들을 수 있는 파장대도 눈과 다르지 않다. 이렇게 우리가 지각할 수 있는 범위는 극히 제한되어 있기 때문에 이 범위를 넘어서는 대부분의 삼라만상의 현상은 인식조차 할 수 없다.

우리가 경험하는 시간적 변화도 아주 적절한 속도로 변화하는 것만 제대로 인식할 수 있다. 인간의 눈은 정지한 화면을 연속적으로 빠르게 보여주면 동영상으로 인식하고, 아주 천천히 피어나는 꽃봉오리의 변화는 알아차리지도 못한다.

기후변화가 전 세계적 문제로 부각되었는데, 사람들은 기후변화의 증거를 자신이 살아가고 있는 주변에서 확인할 수 있는 현상과 연계하여 이해하려고 한다. 열대우림이나 북극권의 변화를 말하면 아득히 먼 곳의 문제로 여겨 관심도가 떨어진다. 그런데 지구 규모로 발생하고 확대되는 기후변화가 가져오는 지구환경 변화는 시간 규모와 공간 규모가 너무 길고 넓기 때문에 일반 사람들이 가진 감각으로는 그 문제를 제대로 인식할 수 없다. 우리가 주변에서 감지하는 것은 국지적 규모의 현상에 지나지 않아 이를 바탕으로 지구 전체의 변화(지구온난화)를 판단하는 것은 보편성을 결여한다.

또 지구온난화로 인한 기후변화는 전 지구적으로 같은 양상을 보이는 것이 아니기에 특정 지역에서 얻은 경험으로 전체를 판단할 수도 없다. 온실가스 감축에 실패한다면 금세기 말까지 지구의 온도는 영화 〈쥬라기 공원〉의 시대 배경인 중생대 백악기 수준으로 상승할 것으로 전망된다. 그러나 오히려 지금보다 기온이 내려가는 지역들도 곳곳에서 나타날 것이라고 한다.

환경운동가이면서 미국의 부통령을 지낸 앨 고어가 제작한 〈불편한 진실〉(2007)에서도 이 문제에 주목하였다. 기후변화로 지구 온도가 상승하면 만년설이 녹아 담수가 그린란드 해역으로 흘러들고, 그곳의 해수 온도도 상승하여 거대 해수 침강 지역인 그린란드 해역의 해수 밀도가 낮아져서 침강이 중지된다. 그러면 그린란드 해역에 침강류가 억제되기 때문에 고위도까지 북상해 오던 멕시코만류(난류)가 정지하게 된다. 멕시코만류가 저위도에서 실어 오던 열의 공급이 끊기면 유럽엔 빙하기가 도래하게 된다는 설명이다. 이러한 사례는 실제로 지구 역사에서 여러 차례 되풀이되었다.

이처럼 기후변화의 양상은 대륙에 따라서도, 해양이냐 육지이냐에 따라서도, 위도에 따라서도 다르게 나타난다. 따라서 사람들이 자신이 살고 있는 주변의 환경 변화를 경험하는 것으로 지구 전체의 기후변화를 이해할 수 없다. 개개의 사람들이 살아가고 있는 장소는 지구의 대기 환경 전체를 고려할 때에는 보편성을 갖지 않는 특수한 장소가 되어버린다는 말이다.

예로서 우리나라는 중위도 편서풍대(서풍이 탁월하게 부는 지역)에 위치한다고 하지만 실제 사람들은 자신이 편서풍 지대에 살고 있다고 실감하지 못한다. 그 이유는 대기대순환에 따른 지표면 부근의 편서풍은 대단히 약하고 고·저기압에 수반된 바람과 좁은 지역에 한정되어 부는 국지풍이 이보다 훨씬 강하기 때문이다. 그뿐만이 아니다. 지표면에서 고도 1킬로미터 정도까지를 대기경계층이라고 하여 그보다 상층의 대기와 구별한다. 일반인들이 살아가고 있는 대기경계층의 환경은 지표면 변화의 영향을 직접 받기 때문에 기온의 변화 양상이 그보다 상공에 있는 대기와 다르게 나타난다. 그런데 지구온난화의 영향이 주도적으로 나타나는 지구 규모의 대기대순환은 대기경계층보다 상공에 위치한 대기층의 현상이다. 따라서 전 지구적인 지구환경의 변화를 이해하는 데에는 일반 사람들이 주변의 경험으로부터 얻는 감각은 별로 도움이 되지 않는다.

물리학적 지식만으론 알 수 없는 지구환경

르네상스 이래로 자연과학의 눈부신 발전을 통해서 인간이 감각적으로 알 수 없는 자연의 원리가 속속 밝혀지게 되었다. 그렇게 할 수 있었던 것은 '자연의 법칙'을 발견할 수 있었기 때문이다. 자연과학은 모든 자연현상을 자연법칙의 발현으로 간주하여 논리의 길을 확립하였다. 이런 과정을 통해서 원자 구조, 유전 체제, 천체 운동과 우주의 생성 과정에 이르기까지 객관적인 논의가 가능하게 되었다.

지구환경도 우리 주변에서 일어나는 자연현상이기에 당연히 '자연법칙'의 발현으로 설명할 수 있다. 그런데 지구환경은 다른 자연과학의 연구 분야에 비하여 발전이 늦다. 예를 들어 아직도 지진과 화산 분화는 예측할 수 없다. 기상예보에 있어서는 예보 대상 기간이 3일 정도만 되어도 정확도가 현저히 낮아진다. 그 원인은 어디에 있을까?

물리학은 자연의 보편적인 성질을 추구한다. 물리학자가

특정 실험 장치로 어떤 새로운 결과를 얻었을 경우에, 그것이 많은 사례에 적용되어 보편성이 있는 원리라고 실증되어야 인정받을 수 있다. 그런데 지구는 이 세상에 단 한 개밖에 없는 개별적인 존재이다. 보편적인 지구라는 것은 존재하지 않는다. 또 지구환경은 복합적인 세계여서 조건을 순수하게 한다든가, 특정 요인만 작용하도록 제어한다든가 하는 것이 불가능하다. '연구 대상을 순수한 조건하에 두고 잘 제어된 실험을 수행하여 이론을 검증한다'는 물리학의 기본적인 방법론을 지구환경에는 적용할 수 없다.

지구는 복잡한 시스템이면서 단 한 개밖에 존재하지 않는 대상이다. 지구의 자연현상에 관여하는 요인들을 개별화하여 이론적으로 접근한다면 그 각각은 물리현상으로서의 의미를 가질지 모르겠지만 그것은 이미 지구의 현상이 아니게 된다. 그리고 생물처럼 비교 실험을 해 볼 수도 없다. 이러한 이유로 지구환경을 과학적 방법으로 명확하게 이해하고 미래를 예측하는 것은 매우 어렵다(사실상 불가능하다).

오늘날 우리는 대부분의 이상기후 현상에 대해서 그것의 원인이 기후변화일 것이라고 쉽게 얘기하고 있지만, 사실은 관측 자료의 부족으로 그것은 불확실하다고 말할 수밖에 없다. 기후 모델 실험에서, 높은 온실가스 농도하에서 수행할수록 이상기후의 출현 빈도가 높고 그 강도가 크게 나온다는 결과를 근거로 그렇게 추정하고 있을 뿐이다. 기후 모델을 통한 수치 실험의 장기적 예측 결과가 실제 미래와 부합한다고 단정할 수는 없는 것이다. 지구환경을 결정하는 요인 중 온실가스의 농도가 어떻게 변할 것인가에 관한 시나리오—이것도 인위적으로 설정된 것이다—이외엔 대부분의 외적 요인(천문학적 요인)과 내적 요인(화산 폭발, 병충해에 의한 자연생태계 변화 등)이 어떻게 나타날 것인지를 알 수가 없다.

실측을 통해서만 확인할 수 있었던 지구환경

지구환경에 관한 대규모 현상은 거의 모두 고전물리학의 법칙으로 설명할 수 있다. 그렇지만 물리법칙만 알고 있으면 연역적 사고로 지구환경을 파악할 수 있는 것은 아니다. 그러한 예로 대기권의 높이를 알게 된 과정을 살펴보자.

19세기에는 이미 열역학의 기본 법칙이 확립되어 기체의 온도와 압력의 관계를 정량적으로 논의할 수 있게 되었다. 기온은 높이에 따라서 거의 직선적으로 낮아진다(1km당

6.5℃ 하강). 이 비율로 기온이 낮아져 간다면 높이 50킬로미터 정도에서 절대온도 0도(=0K=-273.15℃)에 도달한다. 그래서 19세기의 기상학자들은 대기권의 고도가 50킬로미터 정도라고 믿고 있었다.

그런데 실제는 100킬로미터 이상까지 대기가 존재한다. 이것을 알게 된 것은 20세기 이후였다. 먼저 1902년에 프랑스의 테스랑 드 보르(L. P. Teisserenc de Bort, 1855~1913)가 풍선에 온도계를 부착하여 상층 대기 온도를 관측하였다. 그 결과 12킬로미터 이상의 상공은 기온이 고도에 따라 변하지 않는 등온층이라는 사실을 발견하였다(성층권의 발견). 이것은 당시로서는 의외의 발견이어서, 처음엔 아무도 믿지 않았지만 결국 받아들여져 고층 대기에 대한 인식이 새롭게 되었다.

또 1920년대에 유성이 대기권에 진입하면서 공기와 충돌해 빛을 내는 높이를 삼각측량의 방법으로 관측하여 대기의 고도가 100킬로미터 이상이라는 것을 알아냈다. 지구 대기의 실태를 알게 된 것은 물리학적 이론이 아니라 관측을 수행함으로써 가능하였다는 것이다. 이것은 물리법칙으로 설명이 되는 것이라도 관측으로 확인되지 않은 것은 실제적 현상이라고 단정할 수 없다는 말이다.

지구온난화를 관측으로 판단하기 위해서는 전 지구의 지상 기온 변화를 알아야 하는데, 이것을 알아내는 것은 대단히 어려운 문제이다. 기상관측망이 촘촘하게 잘 설치되어 있는 지역이라면 기온 분포를 제대로 파악할 수 있다. 그러나 지구 전체에 대해서는 전혀 그렇지 못하다. 육지라 하더라도 극지, 사막, 정글, 산악 지역 등 기온 관측 자료가 없는 곳이 많다. 또 지구 표면의 약 70퍼센트를 점하는 해상의 자료는 더욱 부족하다. 지구 전체 기온의 경년 변화經年變化로 자주 인용되는 영국의 존스(P. D. Jones, 1952~) 등의 논문*에 사용된 자료는 북반구 1,548개소(한반도 면적의 서너 배에 한 개의 관측 지점이 위치하는 셈이다), 남반구 208개소의 기온 관측 자료를 평균한 것이다. 그들은 도시 지역의 관측 자료는 제외하도록 세심한 주의를 기울였다. 만약 도시 지역의 기온 자료를 포함시킨다면 현저한 '지구온난화'가 생기고 말 것이다.

지구 전체의 기온이 균질하게 변하고 있다면 제한된 지역의 관측만으로도 지구 전체의 장기간 기온 변화를 파악할

* P. D. Jones, "Global temperature variations between 1861 and 1984", *The Nature*, *322*(1986), pp. 430~434.

수 있다. 하지만 지표면 부근의 기온 변화는 시간과 장소에 따라서 차이가 크다. 거기에 장기간의 변화 경향도 장소에 따라서 다르기 때문에 지구 전체의 기온 변화를 정확하게 아는 것은 실제로도, 논리적으로도 불가능한 문제가 된다. 인간이 지나간 지구환경의 변화를 파악하는 것마저도 이렇게 불확실성이 크다는 말이다.

과학을 오남용하는 사람들

2만 인 과학자 반온난화 서명 청원

지금은 산업화 이래 과다하게 방출된 온실가스가 기후변화를 유발한다는 사실을 부정하는 사람들이 거의 없다. 하지만 기후변화협약이 체결되고, 교토의정서를 통해서 전 세계가 온실가스를 줄이는 행동에 나선 후에도 인간 활동이 기후변화를 가져온다는 사실을 부정하는 과학자들이 매우 많았다. 그들을 기후변화 회의론자라고 부른다. 이들을 대표하는 사례로 미국의 '2만 인 과학자 반反온난화 서명 청원'을 들 수 있다. 이들의 강력한 주장이 미국 부시 정권이 교토의정서를 탈퇴하는 데에 일조하기도 하였다.

1997년 12월 교토에서 제3차 기후변화당사국회의가 개최되었는데, 미국의 앨 고어 부통령을 포함한 전 세계의 정부 대표들이 모여서 교토의정서를 채택하였다. 그 후 2년 여가 흐른 2000년에 미국에서는 2만 명이 넘는 과학자들이 반온난화 서명 운동을 벌여 부시 정권에게 교토의정서 비준을 거부하라는 요구를 하였다. 이 운동을 이끈 사람은 미국 최고의 과학자들이 참여하는 미국과학아카데미 회장과 록펠러 대학 학장을 역임했던 세계적으로 유명한 물리학자 프레데릭 세이츠(F. Seitz, 1911~2008)였다. 그의 요청으로 미국 내에서만 2천 4백여 명의 물리학자, 기상학자, 해양학자, 환경학자들이 이름을 올렸고, 1만 6천 명 이상의 기초과학과 응용과학자들이 서명에 참여하였다.

이들은 자발적이었다기보다는 부시 정권의 회유와 화석연료 기업들의 로비에 응한 것이었다는 비판을 받고 있다. 이런 것을 보면 이명박 정부 시절에 국내 대학과 연구소의 많은 전문가 그룹이 4대강 사업을 지지하고 나선 것이 우리나라만의 몰골이 아니라는 것을 알 수 있다. 권력과 금력에 약한 것은 어느 나라나 예외가 아닌 것이다.

훗날 사람들은 '2만 인 과학자 반온난화 서명 청원'을 지구온난화 회의론의 진앙지라고 부르고 있다. 여기에 이름을 올린 대표적인 기상학자가 MIT 대학의 린젠(R. Lindzen, 1940~) 교수이다. 린젠은 수치예보를 개척한 차니 교수의 적통을 잇는 세계에서 가장 유명하고 발언권이 강한 연구자여서 사람들에게 주는 충격이 컸다.

우리나라에서 출판된 기후변화에 관한 서적을 살펴보면 세이츠 박사와 같은 비非기상학자들이 기후변화에 끼친 악영향을 소개하는 글은 쉽게 찾아볼 수 있다. 하지만 린젠과 같은 유명한 기상학자들이 끼친 해악을 소개하는 글은 찾아보기 어렵다. 이 서명에 참여한 기상학자들 중에는 기상학 역사에 길이 남을 저명한 학자들이 여럿 있다. 이들 서적에서 기상학자들을 거의 언급하지 않는 이유는 아마도 우리나라에서 기후변화에 관한 책을 쓴 사람들의 대부분이 기상학자가 아니라는 사실에 기인하지 않을까 생각한다.

린젠은 지구온난화를 부정하는 여러 편의 논문을 발표하기도 하였다. '2만 인 과학자 반온난화 서명 청원'의 주요 내용은 다음과 같았다.*

교토의정서는 불완전한 아이디어에 기초하고 있다. 인간이 만들

* 矢澤潔,『地球温暖化は本当か?』(技術評論社, 2009), pp. 34~35.

어 내는 이산화탄소, 메탄, 그 이외의 온실효과 기체가 가까운 장래에 대기를 파괴적 수준으로 가열시킬 것이라든가, 극한 기후를 유발할 것이라는 주장에는 분명한 과학적 근거가 존재하지 않는다. 기후변화에 관한 연구 결과 이산화탄소를 만들어 내는 탄화수소*를 인간이 사용하는 것이 유해하다는 사실은 인정되고 있지 않으며, 오히려 대기 중에 이산화탄소가 증가하면 환경에 도움을 준다는 증거가 있다.

교토의정서의 내용은 세계 각국의 발전과 개발도상국에 살고 있는 40억 이상의 사람들을 빈곤으로부터 구할 기회를 제공하는 기술 발전에 매우 부정적인 영향을 주게 될 것이다.

이렇게 과학을 오남용하는 비양심적인 과학기술자들의 곡학아세曲學阿世는 일반 시민들의 올바른 인식을 막아서 정당한 행동을 제때에 못 하도록 방해한다. 4대강 사업으로 인한 폐해와 지구온난화 억제 대책에 세계가 시기를 놓쳐 지구환경이 위기에 빠져들고 있는 것에는 이들의 책임이 지대하다고 해야 할 것이다.

* 화석연료는 대체로 탄소와 수소가 결합되어 있는 형태로 존재하기 때문에 이를 탄화수소라고 부르기도 한다.

후지와라 효과

뛰어난 역량에도 불구하고 자신의 과학 지식을 인류에게 해악을 끼치도록 사용해 역사에 오명을 남긴 과학자들도 수를 헬 수 없을 정도로 많다. 그러한 예로는 '후지와라 효과'—연이어 발생한 태풍이 근접해서 이동하면서 상호작용을 통해 진로를 복잡하게 만들고 갑작스럽게 규모를 키워 기상재해를 가중시키는 현상을 뜻한다—로 우리나라에도 널리 알려져 있는 일본의 기상학자 후지와라 사쿠헤이(藤原咲平, 1884~1950)를 들 수 있다.

후지와라는 1884년에 나가노현에서 태어나 도쿄대학 이론물리학과를 졸업하고 『소리 이상전파 연구』로 이학박사를 취득하였다. 1920년에는 유럽으로 유학을 가서 노르웨이의 V.비야크네스에게 지도를 받았고, 그곳에서 유학 이듬해에 후지와라 효과를 발견하였다. 1922년에 일본으로 돌아와 기상대에서 일기예보 과장으로 근무하다가 1924년에 도쿄대학 교수로 취임했다. 1941년에는 장마전선 이론으로 기상학 분야의 최고 영예인 사이몬즈 상을 영국왕립과학원으로부터 수상하기도 했던 오카다 다케마쓰(岡田武松, 1874~1956)의 후임으로 기상대장이 되었다.

후지와라 사쿠헤이(藤原咲平, 1884~1950).
공직에서 추방당한 후 연구에 전념하여 기상학의 소용돌이 현상,
구름물리, 기상광학을 포함한 다양한 분야에서 역사에 남을 만한 업적을 남겼다.

그런데 후지와라는 제2차세계대전 중에 군부의 요청으로 풍선 폭탄 개발에 가담하였다. 원래 글라이더 연구에 선구적 지식을 가진 기상학자였기에 풍선 폭탄의 개발과 사용 방법을 찾는 데에 최적의 인물이었을 것이다. 제2차세계대전 후에 후지와라는 이 연구로 인하여 전범으로 처분을 받아 공직에서 추방당하였다.

공직에서 추방당한 후 그는 재야 과학자로 연구에 전념하여 기상학의 소용돌이 현상(고·저기압, 태풍, 토네이도 등 거의 모든 중요한 기상 현상들은 소용돌이 현상이다), 구름물리, 기상광학을 포함한 다양한 분야에서 역사에 남을 만한 업적을 남겼다. 또 기상 용어를 정리하고 뛰어난 후학도 양성하였다. 그렇지만 그가 제2차세계대전의 전범이라는 오명은 영원히 검은 그림자로 남겨져 있다.

후지와라가 발견했던 태풍의 '후지와라 효과'를 간략히 소개하면 다음과 같다.

두 개의 태풍이 1,000~1,200킬로미터 정도의 거리를 두고 인접하여 이동할 경우 이동 경로나 속도에 서로 영향을 미치는 현상이다. 후지와라 효과를 발휘하는 두 개의 태풍은 서로 반시계 방향으로 회전하거나 함께 이동하는 등 매우 불규칙한 이동 경로를 보인다. 태풍의 진로와 이동속도가 종잡을 수 없이 바뀌기도 하고 상대적으로 작은 규모의 태풍이 큰 태풍에 흡수되는 경우도 볼 수 있다. 두 태풍이 합쳐져서 갑자기 대형 태풍으로 변하기도 한다.

우리나라에서는 2012년 8월 발생한 14호 태풍 덴빈과 15호 태풍 볼라벤이 후지와라 효과를 보인 대표적인 사례이다. 필리핀 북쪽 해상에서 발생한 덴빈은 타이완 동쪽 해상을 따라서 북상하고 있었다. 그런데 덴빈의 바로 후미에서 발생한 볼라벤의 영향으로 경로가 불규칙해졌는데, 반시계 방향으로 역회전하다가 타이완 남쪽 해상으로 상륙해버려서 나중에 발생했던 볼라벤이 덴빈을 추월하여 한반도에 상륙했다. 당시에 중국 내륙 쪽으로 상륙하여 소멸할 것으로 예측됐던 덴빈은 볼라벤이 점차 북상하면서 거리가 멀어져 후지와라 효과가 사라지자 경로를 바꾸어 다시 북상하기 시작했다. 그리고 계속 북동진해 한반도에 상륙한 후에 강원도 동해를 거쳐 동해상으로 빠져나갔다.

당시 볼라벤과 덴빈은 역대 최단 기간에 태풍이 연이어 상륙함으로써 우리나라에 강풍과 폭우 피해를 남겼다. 후지와라 효과에 대한 이해는 기후변화로 태풍 발생 빈도가 증가할수록 그 중요성이 높아질 것임에 틀림없다.

기상조절을 꿈꾸다

인류 문명과 기상조절 실험

인류가 지구상에서 보다 넓은 활동 공간을 확보할 수 있게 된 것은 기후 개조에 도전하여 성공한 결과라고 말할 수 있다. 인공강우 실험은 인간이 시도해 온 기상조절 실험(기후 개조 기술) 중에서도 가장 대표적인 것이며 앞으로 발전의 여지가 매우 큰 기술이다.

가뭄과 홍수로 전답뿐만 아니라 때로는 가옥과 인명까지도 잃어버리는 일이 빈번하게 발생한다는 사실을 생각해 보면 어떻게 해서든 기상 현상을 인공적으로 제어할 수 있으면 좋겠다는 꿈을 갖는 것은 당연한 일이다. 실내나 비닐하

우스 정도의 규모를 대상으로 하는 미기후微氣候나, 농경지나 마을 정도 규모를 대상으로 하는 국지기후를 인간 활동에 유리하도록 개량하는 일은 인간의 오랜 경험을 통해 달성되었다. 인간이 농작물을 재배하고 야생동물을 직접 키워서 식량을 공급할 수 있게 된 것도 혹독한 기후변화의 위기에 대처하기 위한 대책으로 시작되었다고 한다.

약 4만 년 전에 지구에 나타난 인류의 직접 조상인 호모사피엔스는 3만 년 이상에 걸쳐서 수렵·채취 생활에 의존하여 살았다. 수렵·채취로 지구에서 살아갈 수 있는 인구는 5백만 명을 넘어설 수 없었다고 한다(1차 인구 한계선). 그러다가 지금으로부터 약 1만 년 전에 기온 하강기가 찾아와서 수렵·채취로 삶을 이어갈 수 없게 되자 호모사피엔스는 한정된 지역에 기후를 적절히 보전하여 농경을 시작하였다.

농경이 가능해지자 인구가 급증하게 되었는데, 곧 3억 명 내외로 불어났다. 기후변화의 위기를 기회로 현명하게 극복한 덕분이었다. 그 후로 호모사피엔스의 인구는 산업혁명을 통해서 무생물 에너지를 사용할 수 있게 되기까지 3억 명으로 제한되었다(2차 인구 한계선).

이처럼 지구상에서 인류가 문명을 발달시키며 살아온 역사는 기후위기를 극복해 온 과정이었다고 말할 수 있다.

인공강우로 미세먼지를 해소할 수 있을까?

오늘날 인간은 기후 조건의 한계를 극복하는 단계를 넘어서 기상조절(기후 개조)에까지 나아가고 있다. 기상조절의 대표적인 문제가 인공강우 실험이다. 인공강우 실험은 과학적 이론을 바탕으로 추구되어 온 기상조절 기술이다. 인공강우 실험의 최초 성공은 제2차세계대전이 끝나가던 1945년 8월이었다. 이 실험을 주도한 과학자는 미국의 쉐퍼(V. Schaefer, 1906~1993)였다. 그 후 기후를 조절하여 기상재해를 극복하고 인간 활동의 공간을 확대하고자 하는, 인류의 꿈인 기상제어 실험이 다방면으로 시도되었다. 인공강우 실험을 응용한 것으로 인공강설, 태풍과 허리케인의 제어, 안개의 소산, 뇌우와 우박의 제어 실험 등이 대표적이다.

인공강우의 원리는 비구름이 만들어지는 과정을 인공적으로 촉진하는 것이다. 자연에서 비가 내리는 조건을 아주 간단히 기술하면, ① 다량의 수증기를 포함한 공기가 있고 그것이 상승하여 충분히 냉각될 수 있을 것, ② 공기 중의 수증기가 응결하여 작은 얼음 입자를 형성하여 구름을 생성할 수 있을 것, ③ 구름 입자가 중력을 받아서 낙하할 수 있을 정도의 크기까지 성장할 것, ④ 구름 덩어리에서 낙하하는 물(얼음) 방울이 땅에 도달하기 전에 증발해 버리지 않아야 한다는 것이다.

이상의 네 가지 조건 가운데 현 단계에서 인공강우 실험이란 ③의 조건, 즉 작은 구름 입자들을 서로 결합하여 큰 입자로 성장하도록 인공적으로 촉진시키는 것을 말한다. 따라서 인공강우 실험은 언제라도 자유롭게 비가 내릴 수 있는 것이 아니라, 어느 정도 발달한 구름이 존재하여야 실험을 시도할 수 있다. 구름 입자가 큰 중력을 받아 비로 낙하하게 하는 가장 일반적인 방법은 구름층 내로 빙정핵을 뿌려 빙정을 성장시키는 것이다. 이때 사용하는 빙정핵으로는 드라이아이스, 요오드화은, 물 등이 있다. 이렇게 구름층 내로 응결핵을 공급하여 인공적으로 비가 내리도록 촉진하는 것을 '씨앗 뿌리기'라고 한다.

그러나 모든 구름에 인공강우 실험에 의한 씨앗 뿌리기가 유효한 것은 아니다. 구름 내부에 과냉각 물방울(온도가 영하임에도 물의 상태로 존재하는 물방울)의 온도가 너무 낮은 경우에는 씨앗 뿌리기를 하면 오히려 강수량이 감소한다고 알려져 있다. 인공강우 실험 후에 내린 비가 씨앗 뿌리기의 효과인지를 객관적으로 판단하는 일도 대단히 어려운 일이다. 인공강우 실험의 효과 판단은 여전히 실험을 수행한 지역과

비실험지 간의 강수량을 비교하고, 실험 전후의 구름 내부 상황 자료를 분석하는 것에 머물러 있는 상황이다.

최근 우리나라에서는 미세먼지의 농도가 높은 날에 인공강우 실험으로 비를 더 많이 내리게 하여 대기를 깨끗한 상태로 돌려보자는 논의가 분출하였다. 이것은 가능한 문제일까? 적어도 우리나라에서는 인공강우로 미세먼지를 제거하자는 것은 비과학적인 억지라고 생각한다. 그 이유는 미세먼지가 나타날 때의 기상 조건에 있다.

우리나라에 고농도의 미세먼지가 발생하는 경우는 크게 두 가지로 나누어 볼 수 있다.

첫째는 국내 기원의 미세먼지가 대기 중에 장시간 축적되어 나타나는 경우이다. 이런 유형의 고농도 현상은 주로 중국 대륙에서 한반도와 동해안에 이르기까지 동서 방향으로 고기압이 장시간 덮고 있는 경우에 나타난다. 기상학에서 이런 유형을 동서 고압대라고 부른다.

두 번째는 북서 기류나 남서 기류가 불어서 중국으로부터 미세먼지가 한반도로 유입되는 경우이다. 대체로 북서풍이면 우리나라의 남동권이, 남서풍이면 서쪽 지역이 미세먼지 농도가 더 높게 나타난다. 북서풍이 불어 들어오면 바람이 불어 나가는 쪽에 위치한 남동권(영남 지역)에는 중국 기원의 미세먼지와 국내 기원의 미세먼지가 함께 나타나기 때문에 서쪽 지역보다 더 높은 농도의 미세먼지가 나타나게 된다. 남서 계열의 바람이 불어 들어올 경우에는 그 기류의 길목에 위치한 청정 제주지역까지도 고농도의 미세먼지를 피해 가기 어려운 실정이다. 이런 날은 우리나라 서쪽 지역을 따라 미세먼지가 이동하여 수도권까지 영향을 미친다. 중국발 미세먼지로 우리나라에 미세먼지 농도가 높게 나타날 경우에는 국내 기원 미세먼지가 미치는 영향은 30퍼센트에 채 미치지 못하는 것으로 알려져 있다.

첫 번째 유형의 기상 조건은 고기압인 경우 당연히 인공강우 실험을 시도할 만한 구름이 존재할 가능성이 희박하다. 두 번째 유형도 해당 조건의 기류가 발생하면서 우리나라에 비를 가진 구름이 존재할 수 있는 저기압이 되기 어렵다. 상공에 짙은 구름이 있는 저기압일 때 고농도의 미세먼지가 발생하는 날은 거의 없다. 설령 그런 구름이 있더라도 미세먼지 자체가 구름의 성장을 촉진하는 응결핵이기 때문에 인공강우 실험을 할 이유를 찾기 어렵다. 즉 고농도 미세먼지가 발생하는 조건에서는 인공강우 실험을 시도할 만한 구름이 존재하지 않기 때문에, 인공강우 실험을 이용한 미세먼지 해소는 비과학적인 방법이라고 지적할 수 있다.

기후공학으로 지구온난화를 막자는 사람들

기후공학이란?

기후변화 완화(온실가스 방출량 감축)에 대한 국제사회의 대응에 진전이 없고 기후변화는 빠르게 진행되어감에 따라서 지구온난화를 또 다른 기술력으로 억제해 보고자 하는 기후공학geo-engineering이 2000년대 이후 큰 관심을 모으고 있다.

1990년대에 기후변화 문제의 심각성을 가장 강하게 호소해서 기후변화 전사라고 불리던 슈나이더(S. H. Schneider, 1945~2010) 박사를 포함한 다수의 기후학자들과 여러 국제 환경단체들도 기후공학 검토에 수긍하기에 이르렀다. 그중에서도 핵겨울의 제창으로 일반 시민들에게도 널리 알려져 있는 크뤼천(P. J. Crutzen, 1933~2021)이 2006년에 성층권 에어로졸 주입 검토 제안을 한 이래로 연구와 정책적 논의가 활발하게 제기되어 오고 있다.

과거에는 이 논의를 언급하는 것조차 금기시하던 IPCC도 5차 보고서Fifth Assessment Report, AR5에서 기후공학이 검토의 대상이 되었는데, 보고서 발표에 앞서 제3실무그룹Working Group III, WG III 전문가 회합이 2011년 6월에 페루에서 있었고 그 회의에서 이를 정리하였다.

기후공학의 정의에 대해서는 2009년에 영국왕립학회가 인위적 기후변화에 대한 대책으로 지구환경을 의도적으로 개조하는 행위라고 정리했다.* geo-engineering을 직역하면 지구공학이지만, 일반적으로 지구공학은 토목공학이나 자원공학을 말하기 때문에 기후공학이라고 의역해서 사용하는 것이 일반적이다.

기후공학에는 다양한 기법이 있는데 이들을 대별해 보면 태양복사관리Solar Radiation Management, SRM와 이산화탄소 제거Carbon Dioxide Removal, CDR의 두 가지로 나눌 수 있다. 이에 속하

* *Geoengineering the climate : Science, governance and uncertainty*, (London: Royal Society, 2009).

는 대표적인 기술은 전자에 해당하는 것으로는 성층권에 에어로졸을 주입해서 태양에너지를 차단하여 지구를 냉각시키자는 안이 있고, 후자에는 해양에 철분을 살포해서 식물성 플랑크톤을 증식시켜 광합성 촉진과 이산화탄소 흡수를 조장하는 기술을 들 수 있다.

기후공학에 관심이 높아지는 배경으로는 지금까지 제시된 지구온난화 대책(재생에너지로의 에너지 전환 등)으로는 빠르게 위기로 치닫고 있는 기후변화를 피해 갈 수 없다는 인식이 자리 잡고 있다. 그러나 지구온난화의 대책이라는 명분이 있더라도 그것이 자연을 개조하는 기술이라는 점에서 여전히 많은 사람들로부터 환영받지 못하고 있는 실정이다. 예상을 벗어난 의외의 영향이 돌출해서 지구 생태계를 혼란에 빠뜨리는 더 큰 문제를 만들어 낼 가능성도 배제할 수 없기 때문이다.

이런 문제 때문에 2010년 이래로 기후공학을 자연과학과 공학 기술 측면에서 평가하는 것에 더불어 사회적 관리 방법에 대해서도 논의가 시작되었다.

기후공학은 미국과 소련의 기상조절, 기상 개조 연구와 대규모 토목공학에 뿌리를 두고 있다. 1960년대에 과학이 만능이라고 생각하던 시대 배경 속에서 기상 개조 연구는 최성기를 맞아 미국의 연간 연구비 예산이 1천만 달러에 이르렀다. 당시 기상 개조는 전쟁 무기가 될 수 있다고 여겨져서 군에 거금의 연구비가 주어졌다. 그러나 1970년대 사회운동이 활발해지면서 기상 개조 연구는 서서히 축소되었다.

기후공학의 사고방식 자체는 오래되었다. geo-engineering이라는 용어는 전 세계 환경·경제·기술 및 사회적 변화의 중대 문제를 연구하는 독립적인 국제과학연구소인 국제응용시스템분석연구소IIASA의 마르체티(C. Marchetti, 1927~)가 해저에 이산화탄소 회수 저장 시설을 만들자는 제안을 하면서 사용하였다.*

성층권에 에어로졸을 주입하자는 아이디어는 1970년대에 소련의 부디코(M. I. Budyko, 1920~2001) 등에 의해서 검토되

* C. Marchetti, "On geoengineering and the CO2 problem", *Climate Change, 1*(1977), pp. 59~68.

고 있었다. 그러나 다수의 과학자들은 기후공학을 공식 석상에서 논의하는 것조차 금기시했다. 이산화탄소를 감축하지 않고서도 지구온난화를 억제할 수 있는 기술을 말하는 기후공학은 이산화탄소 배출 삭감이라는 온난화 대책에서 눈을 돌리게 만들 것이라는 뿌리 깊은 우려를 받았다. IPCC에서도 제4차 보고서까지는 기후공학 기술을 간단하게 언급하는 정도에 머물러 있었다.

이러한 상황을 크게 바꾼 것이 크뤼천의 논문이다.** 그 후부터 기후공학의 활동은 눈부실 정도로 활발해졌다. 예로서 2009년 미국기상학회와 국제측지지구물리연맹International Union of Geodesy and Geophysics, IUGG은 기후공학에 관한 정책 성명서를 발표했는데, 신중했지만 기후공학 연구를 지지하였다.***

** P. J. Crutzen, "Albedo enhancement by stratospheric sulfur injections: A contribution to resolve a policy dilemma?", *Climate Change, 77*(2006), pp. 211~219.

*** AMS, AGU, (2009).

기후공학의 역사와 최근 동향

19세기 중엽	미국에서 산불 진화에 인공강우 가능성 제안됨.
1932년	(구)소련에서 인공강우연구소(IAR) 설립.
1946년	미국에서 인공강우 실험이 시행됨.
1950 ~1960년	미국과 소련에서 인공강우 등 기상 개조 연구가 활발해짐(대규모 연구비 투입).
1960년	소련에서 인공수로로 북극해의 물을 끌어들여 밀밭 관개를 하자는 제안 대두.
1962년	태풍을 인위적으로 약화시키는 스톰퓨리(STORMFURY) 프로젝트 개시(1983년 종료).
1965년	미국 대통령 산하 과학고문위원회에서 지구온난화 평가, 대책으로 기후공학만 제시되었고, 이산화탄소 삭감 문제는 없었음.
1970년대	소련의 부디코가 성층권 에어로졸 주입으로 태양광 반사율을 높이자고 제안.
1974년	베트남전쟁 중 미군의 기상 개조 프로젝트 POPEYE가 밝혀짐.
1977년	오스트리아의 마르세티가 해저에 탄소 저장을 제안하면서 처음으로 geo-engineering이라는 용어를 사용함.

1978년	유엔 환경개조기술 적대적 사용 금지조약(ENMOD) 발효.
1990년	IPCC 1차 보고서, 이산화탄소 포집, 삼림의 이산화탄소 흡수 강화에 언급.
1992년	미국과학아카데미(NAS) 지구온난화보고서 1장에서 기후공학을 포괄적으로 다룸.
1995년	IPCC 2차 보고서에서 기후공학 적용으로 기후변화에 대응하는 것은 부적절하다고 기술.
2006년	크뤼천이 기후공학 논문 게재, 이후 관련 연구가 활발해짐.
2009년 9월	미국기상학회가 기후공학에 입장 표명, 신중해야 하나 연구 자체는 지지 선언.
2009년 9월	영국왕립협회가 기후공학의 종합 보고서를 처음으로 발표.
2009년 9월	영국왕립학회가 성층권 에어로졸 주입 실험을 포함한 종합 보고서 발표.
2010년 3월	영국 하원과학기술위원회(Science and Technology Select Committee)가 기후공학의 규제·거버넌스에 대해 발표.
2010년 3월	실험 가이드라인을 논의한 기후공학에 관한 국제회의가 미국 캘리포니아 주에서 개최됨.
2010년 10월	미국 하원에서 기후공학에 관한 보고서를 처음으로 발표함.
2011년 3월	영국왕립학회, 태양광관리 거버넌스 회의 개최.
2011년 6월	IPCC, 기후공학에 관한 전문가 회의 개최(페루).

기후공학 도입에 대한 검토가 필요한 이유

최근 기후공학에 대한 관심이 높아진 이유를 한마디로 말한다면, 수치모델로 본 지구온난화의 전망이 불확실하기 때문에 국제사회는 기후변화의 위험을 확실하게 회피하고 싶다는 것이다.

지구온난화 예측에는 기후 민감도, 해양의 열 흡수, 에어로졸의 복사강제력, 탄소순환 등 다양한 요인이 있기 때문에 불확실성이 남는다. 그동안 IPCC 보고서가 여섯 번 나왔지만 여전히 불확실성의 폭은 줄어들지 않고 있다.

2015년 파리 신기후체제에서 전 세계의 국가배출량을 설정하였을 때의 목표는 21세기 말까지 산업화 이전에 비하여 지구 온도 상승을 2℃ 이내로 억제하는 것이었다. 이를 위해서는 금세기 중반까지 온실가스 배출량을 1990년 대비 50퍼센트를 감축해야 한다고 평가되었다. 그런데 온실가스 감축 목표를 달성하더라도 지구 온도의 상승이 2℃를 넘어설 확률이 여전히 12~45퍼센트라고 한다.*

* M. Meinshausen, N. Meinshausen, W. Hare, S. Raper, K. Frieler, R. Kuntti, D. Frame and M. Allen, "Greenhouse-gas emission targets for limiting global warming to

일반적으로 지구의 기온이 더 많이 상승할수록 연안 지역, 건강, 수자원, 식량, 자연 생태계에 미칠 영향도 커진다. 동시에 돌발적인 기후변화가 발생할 가능성도 높아진다. 소위 말하는 기후변화 영향의 급변 시점(티핑포인트)이 가까운 장래에 다가올 수도 있다.

극단적인 시나리오이기는 하지만, 인류가 기후변화를 막는 데 최선의 노력을 다하여 온실가스 배출량을 제로로 만들었다고 해 보자. 하지만 유감스럽게도 탄소순환에는 서로 다른 복수의 과정이 관여하기 때문에 이산화탄소는 천 년 이상에 걸쳐서 대기에 잔존한다. 더욱이 해양의 열적 관성도 있기 때문에 설령 인위적으로 온실가스 배출량을 제로로 만들더라도 전 지구의 평균 온도는 오랜 시간이 흘러도 쉽게 내려가지 않는다.

피해를 줄이기 위해서 기온을 낮추려면, 단기적으로는 지구로 들어오는 태양광 입사를 감소시키는 기후공학 기술이 필요하며 장기적으로는 대기 중의 이산화탄소를 직접 회수해서 제거하는 기술이 필요하다.

기후공학을 구사하지 않더라도 에어로졸의 냉각 효과를

2℃", *The Nature, 458*(2009), pp. 1158~1162.

지켜 가면서 대기 체류 시간이 짧은 온실가스, 즉 '단기 체류 기후변화 유발 물질'Short Lived Climate Pollutants, SLCP의 배출을 감소시킨다면 지구가 어느 정도 냉각될 가능성도 있다. 에어로졸이 발휘하는 음(-)의 복사강제력—태양복사에너지에 대한 지구의 반사율을 높이는 것—을 지키는 일은 대류권에서 태양복사관리SRM를 수행하는 것과 마찬가지 원리이다.

지구온난화로 인한 파국적인 피해는 그 확률은 낮지만 영향은 심각하다. 기후공학은 이 위험에 대한 보험이라고 생각할 수 있다. 하지만 기후공학은 만능이 아니며 기대와 달리 효과가 없을지도 모른다. 오히려 큰 부작용만 만들지도 모른다. 인간이 기후 시스템을 인간에게 유리하도록 바꾸는 것에 대한 지구환경 윤리의 문제도 있다. 또한 어떤 특정 국가가 독단적으로 실행할 우려도 있기 때문에 새로운 국제 마찰을 부를 수도 있다. 기후공학의 실제 도입은 차치하고라도 기술에 따른 다양한 사회문제도 포함해서 신중하게 연구를 추진해야 한다는 것이 이 분야에 참여하는 연구자들과 일반 시민들의 일치된 생각이다.

기후공학에 남겨진 숙제

기후공학의 실제 수행 사례 — 해양 철분 살포 실험

해양에서 광합성을 촉진시키기 위하여 영양염류를 보급하는 것을 해양 비옥화라고 한다. 투입하는 물질은 질소·인·철분 같은 것인데 그중 철분에 관한 연구가 가장 풍부하게 이루어져 왔다.

연구 기법으로는 모델 계산과 실내 실험에 더하여 실제로 해양에 철분을 산포하여 변화를 관측하는 연구가 많이 수행되었다. 이러한 실험은 정확하게는 '철분 비옥화 실험'in situ iron enrichment experiment이라고 불러야 하지만, 일반적으로는 '해양 철분 살포'라고 부른다.

세계에서 최초로 해양 철분 살포를 수행한 곳은 1993년 동부 태평양 적도 해역에 위치한 갈라파고스 제도 근해였다. 이 해양 철분 살포가 실시된 계기는 기후공학 기술 실험과는 관계가 없었다.

1993년부터 철분 살포 실험이 수십 년에 걸쳐서 실시될 수 있었던 것은 역설적으로 실험의 동기가 기후공학 기술의 적용이 아닌 해양과학자들의 과학적 흥미에 있었기 때문에 가능했다. 그래서 전 세계 해양과학자들의 이해를 얻을 수 있었고 시민들로부터도 특별한 비판을 받지 않으면서 전 세계 해양에서 다수의 실험을 수행할 수가 있었다.

여기서 말하는 과학적 흥미라고 하는 것은 당시에 해양학에서 돌출한 하나의 수수께끼를 규명하는 일이었다. 이 수수께끼란 남극해, 북태평양 북부, 적도 태평양 동부 해역은 질소·인·규산염 등 주요 영양염류가 충분히 존재함에도 식물 플랑크톤의 증식이 낮은 수준에 머물러 있다는 사실이었다. 이들 해역에서는 식물 플랑크톤이 영양분을 다 사용하기 이전에 증식을 멈추어 버린다고 알려져 있었는데 그 이유가 불분명하였다.

철분이 해양 생물에게 부족하기 쉬운 원소라는 것은 1930년대부터 지적되고 있었지만 해양의 철분을 정확하게 분석하는 일은 매우 어려운 일이어서 1980년대 후반까지도 영양요소로서의 중요성을 정량적으로 연구하지 못하였다.

1980년대에 해수에 포함된 초미량성분인 철분을 분석하는 기술이 개발되었고, 미국의 J.H.마틴 박사 팀이 이 기술을 그 해역에 적용해 보니 해양 표층의 철분 농도가 극히 낮다는 사실이 밝혀졌다. 그래서 그들은 해양의 철분이 부족하기 때문에 다른 영양염이 잔존함에도 불구하고 플랑크톤 증식이 제한되는 것이라고 가설을 세웠다.

나아가서 그들은 과거에 대기 중 이산화탄소 농도는 사하라 사막 등에서 부유하여 미네랄이 많이 함유된 먼지가 남극해에 철분을 얼마나 공급하였는가에 제어되었다는 가설도 제창하였는데, 이 둘을 합쳐서 '철분 가설'이라고 이름을 지었다. 이 시기에 마틴 박사는 남극해에 철분을 살포하여 해양 생물을 증가시켜 해양에 탄소를 고정시키는 아이디어에 대해서 "나에게 철분 반 탱크를 주면 지구를 빙하기로 만들어 주겠다"는 농담을 남겼다.

1990년대 전반에 이 철분 가설은 '해양 생태계에 있어서 철분은 정말로 중요한 것인가?'라는 점에서 관심을 모았다. 철분 가설을 검증하기 위해서는 철분 첨가에 대한 해양 생태계 전체의 응답을 밝힐 필요가 있었고, 그러려면 살포가 필수적이었다. 이런 과정을 거쳐서 마틴 박사를 중심으로 한 연구 그룹은 갈라파고스제도 앞바다에서 처음으로 실험을 실시하였다. 그 후에도 철분 살포는 소규모(해역 면적 수백 제곱킬로미터 정도)로 여러 차례 이루어졌다.

이들 실험에 대규모의 연구 자금이 주어진 것에는 두 가지 목적이 있었는데, 하나는 철분 가설에 기초하여 해양에서 철분의 중요성에 관한 과학적 정보를 모으는 일이었고, 또 다른 하나가 기후공학의 연구였다. 다만 지구온난화 대책으로서의 기후공학 기술의 개발과 적용에 앞서 해양의 과학 정보를 모아 방향성을 찾아보자는 것이 해양과학자들의 생각이었다. 하지만 이 실험에서 해양과학자들의 동기는 '순수한 과학적 흥미'에 집중되어 있었다.

기후공학 예비 실험으로 옮겨 가다

그런데 철분 살포 실험이 수차례 이어지자 점차 기후공학 쪽으로 관심이 흘러갔다. 이들의 주요 관심은 '해양 철분 살포로 플랑크톤을 증식시켰을 때에 탄소 고정이 얼마나 증가하는지'를 관측을 통해서 직접 포착하는 것에 주어졌다.

2009년에 남극에서 실시된 로하펙스LOHAFEX 실험 실시에 즈음하여 해양 철분 살포가 갖는 기후공학 요소가 언론에 보도되면서 예비 실험으로서의 면모가 사회에 드러나게 되었다. 그 이후 해양 철분 살포 실험은 '과학자의 해양학적 흥미에서 시작된 실험 도구'에서 '기후공학의 예비 실험'으로 변해갔다.

철분 살포 실험은 해양의 식물 플랑크톤 증식에 있어 철분이 담당하는 역할에 관한 중요한 지식을 많이 모았다는 점에서는 해양학자들의 호기심을 성공적으로 충족시켜 주었다. 인위적인 철분 공급이 해양 표층 생태계의 다양성에 줄 수 있는 매우 큰 영향에 대해서도 밝혀졌다.

그러나 철분 살포를 통한 탄소 고정 문제에 대해서는, 해양 표층 아래로 유기 탄소 수송량의 증가가 몇몇 실험에서 확인되기는 했지만 심해로 얼마나 많은 탄소를 격리시킬 수 있는지에 대해서는 유용한 정보를 거의 얻을 수 없었다. 실험 결과를 보면 철분 살포로 나타나는 탄소 고정 효과는 당초에 기대했던 것의 1/100~1/1,000에 지나지 않았다.

해양 철분 살포 실험의 전망

과학자들이 해양 철분 살포를 실시할 당시에, 비과학자 단체·영리 목적의 벤처기업들이 철분 살포의 탄소 고정 유용성을 '탄소 상쇄'carbon-offset에 이용하려는 움직임이 활발해졌다. 탄소 상쇄란 경제활동 과정에서 발생한 이산화탄소를 다른 장소에서 배출 삭감 또는 흡수하여 상쇄하는 방식을 말한다. 이러한 상쇄는 다양한 환경 분야에서 널리 적용되는 방식이다.

예로서 영국에서는 미세먼지 대책에도 이를 적용한다. 어떤 건축업자가 건설 과정에서 미세먼지 발생을 줄이는 신공법을 적용하여 통상의 기술보다 미세먼지 발생을 줄인 것으로 인정받으면 그만큼 추가적인 건설 사업이 허용된다. 이 문제는 미세먼지가 심각한 사회적 문제로 대두되었던 2018년에 서울연구원에서 도시 내 미세먼지 발생을 줄이는 대안 정책으로 런던의 사례를 소개하면서 우리나라에도 알려졌다.

이에 국제 환경 단체들은 탄소 상쇄 성과를 인정받아서 탄소배출권을 확보하려는 영리 활동을 막기 위해 격렬히 움직이기 시작했다. 이러한 움직임이 부각되기 시작했다는 현실과 철분 살포가 미치는 영향을 정량적으로 평가할 수 없다는 사실을 이유로, 2008년에 런던조약 및 런던조약 96년 의정서(이하 런던조약의정서)에 기초하여 실험의 목적 외 해양 비옥화(철분 살포 이외의 기법도 포함해서)가 법적 구속력이 없는 형태로 금지되었다. 2010년에는 과학적 실험의 목적에서도 환경영향평가 체제에 따른 규제 감시를 할 것을 런던조약의정서로 채택하였다.

이러한 국제정치의 움직임에 의해 현재는 연구가 목적이라고 하더라도 사실상 자유로운 철분 살포 실험이 불가능하다. 일부 과학자들은 철분 살포가 가져오는 부담과 편익을 과학적 근거를 바탕으로 충분히 파악할 수 있기 전까지는 탄소 상쇄에 이용하는 것은 시기상조라고 지적한다. 한편 다른 일부 과학자들은 기후공학으로서의 해양 철분 살포의 유용성을 평가하기 위해서라도 다시 대규모 실험을 시작할 필요가 있다고 계속해서 의견을 내고 있다.

하나밖에 없는 지구

기후공학의 중요성을 인식하는 과학자들도 대부분은 연구 수행에 한정하여 지지를 보내는 것이지, 기술의 실제 적용까지 찬성하지는 않는다. 현재의 과학기술 지식으로는 기후공학 기술의 효과와 부작용을 제대로 파악하기조차 어렵기 때문에 실제 적용 여부를 종합적으로 결정하기에는 시기상조이다.

연구를 지지하는 연구자 사이에도 의견에 차이가 있다. 기후 모델을 사용한 연구를 진행할 필요성까지는 이론異論이 거의 없지만 자연환경에서 소규모로나마 실험을 해 보는 문제에 대해서는 의견이 격렬하게 맞서고 있다.

실제 실험의 경우 그것이 얼마나 큰 부작용을 가져올 것인가를 사전에 평가하는 것이 불가능하다는 점에서 두려움의 대상이다. 지구환경을 수치 실험으로 파악하는 데에는 한계가 분명하다. 그 이유는 자연현상의 발생 과정을 완벽하게 전산 프로그램으로 재현할 수도, 수학 방정식으로 표현해낼 수도 없기 때문이다. 지구는 하나밖에 없기 때문에 불확실한 실험에 다수의 동의를 얻는 일 자체가 불가능할 것이다.

부록

바람이 부는 원리

압력 경도력과 공기의 이동

바람은 공기의 이동이다. 그러면 이 공기가 이동하는 힘은 무엇이며 어떤 원리가 작용하는 것일까?

공기를 이동시키는 힘의 원천은 수평 방향의 기압의 차이다. 이를 수평 기압 경도라고 부르고, 이로 인하여 발생하는 힘을 수평 기압 경도력이라고 한다. 어떤 공기 입자에 작용하는 힘은 크게 상하 방향으로 작용하는 압력(기압)과 수평 방향으로 작용하는 압력으로 나눌 수 있다.

상하 방향에서 작용하는 압력은 항상 위에서 아래로 작용하는 압력이 아래에서 위로 작용하는 압력보다 큰데, 대체로 그 압력 차는 그 공기를 아래로 당기는 중력의 크기와 같다. 그래서 공기는 중력을 받아도 낙하하지 않는다. 이렇게 움직이지 않는 대상에 작용하는 힘의 균형 관계를 정역학 관계(hydrostatic relationship)라고 한다. 어떤 공간에 정지해 있는 건축물을 만드는 학문 영역에서는 그 건축물이 받는 힘의 총합을 제로로 만들어야 하므로 정역학 관계를 기본으로 한다.

결국 공기를 이동시킬 수 있는 힘은 수평 방향으로 작용하는 압력에 의한 힘(수평 기압 경도력)뿐인데, 공기는 압력이 큰 쪽에서 작은 쪽으로 이동한다. 그런데 공기가 수평 기압 경도력을 받아서 먼 거리를 이동하게 된다면 이동하는 공기에 '전향력'이라는 힘이 작용한다.

이 전향력은 실제로 존재하는 힘이 아니라 이동하는 공기를 관측하는 관찰자(사람)가 회전하는 지구에서 관찰하기 때문에 그렇게 보이는 힘이다. 이런 힘을 '겉보기 힘'이라고 한다. 이 전향력은 풍속을 변화시키는 것은 아니고 풍향을 변화시킨다.

이를 감안하여 일기도상에서 바람이 어떻게 불지를 생각해 보자.

고·저기압계에서 바람을 파악하는 방법

일기도상에서 한반도를 경계로 서고동저형 기압 배치(서쪽에 고기압, 동쪽에 저기압)가 있다고 가정하면 압력은 등압선에 직각 방향, 서쪽에서 동쪽으로 작용한다. 그러면 공기는 서쪽에서 동쪽으로 이동해야 하겠지만 실제 바람은 거의 등압선에 나란하게 북쪽에서 남쪽으로 분다(북풍). 그 이유는 이동하는 공기에 전향력이 작용하기 때문이다. 이 전향력은 중학교 과학 교과서에 '코리올리 효과'(Coriolis effect)라는 이름으로 소개되는

데, 회전하는 지구에서 운동하는 물체에 (북반구의 경우) 이동하는 방향의 우측 90도 방향으로 작용하는 힘이다. 크기는 속력에 비례하고 고위도일수록 크다. 이 힘은 운동의 빠르기에는 영향을 주지 않고 이동 방향만 바꾸는 힘이기에 전향력이라고 부른다.

전향력은 19세기 초에 프랑스의 공학자 코리올리(G. Coriolis, 1792~1843)가 장거리 대포 사격 실험 자료를 분석하여 수식으로 제시하였고, 이후에 푸코의 진자 실험을 통해서 존재가 입증되었다. 전향력이 알려지기 훨씬 이전에 대기대순환 이론을 제시한 해들리(G. Hadley, 1685~1768)는 각운동량 보존법칙을 적용하여 북쪽에서 적도상으로 불어오는 바람은 점차 서쪽으로 편향한다고 설명하였다(245쪽 참조). 해들리는 전향력이라는 개념을 공부하지 않고서도 전향력의 본질을 꿰뚫고 있었던 셈이다. 실제로 대학교 대기과학과에서 기상역학을 공부할 때에 전향력을 유도하는 과정을 배우는데, 바로 그 해들리가 적용하였던 원리이다.

해들리의 대기대순환 모델

지구가 받는 태양복사에너지는 적도에서 제일 많고 극에서 가장 적기 때문에 적도와 극 사이에 온도 차가 발생한다. 적도 부근에서 가열된 공기는 상승하고 극지에서 냉각된 공기는 하강한다. 상승한 따뜻한 공기는 상공에서 극 쪽으로 이동하고 하강한 찬 공기는 하층에서 적도 방향으로 이동한다.

이러한 지구 규모의 큰 대류(자오면 순환)와 지구의 자전 효과를 조합하면, 가령 적도상에서 정지하고 있었다고 하더라도(동서 방향의 풍속이 제로) 지구 그 자신의 회전에 의한 지표면의 빠르기는 위도가 증가함에 따라서 느려지므로(지구의 자전 선속도는 적도에서 가장 크고 고위도로 갈수록 작아짐) 적도에서 중·고위도로 이동한 공기 덩어리는 그 위도에서의 지구 자전 속도보다 빨라 동쪽 방향으로 이동(서풍)한다. 반대로 중·고위도에서 적도로 이동하는 공기 덩어리는 자전 속도보다 느리므로 서쪽 방향으로 이동(동풍)하게 된다. 물리학 용어를 빌려서 말하자면, 여기서의 기본 원리는 뉴턴역학 중 관성의 법칙(운동 보존칙)—이것을 회전하는 지구상에 적용할 경우엔 각운동량 보존법칙이라고 한다—이다.

이러한 뉴턴역학에 기초한 고찰로부터 처음으로 지구상의 대규모 바람의 흐름(대기대순환)을 생각해 낸 사람이 영국의 법률가였던 해들리이다.

이것은 대항해시대에 긴 항해를 통해서 경험적으로 알려져 있던 적도무역풍대(위도 30도 부근에서 적도 지역에 걸쳐 북동풍 계열의 약한 바람이 부는 영역)의 바람을 지구 규모의 대기역학으로 설명을 시도한 첫 번째 사례였다. 고교 지구과학에서는 이것을 '단일 세포 대기대순환 모델'이라고 소개하고 있다.

해들리는 코리올리가 19세기 초에 전향력을 제시하기 이전에 살았던 사람이지만 남북 방향으로 물체가 이동할 때에 받게 되는 전향력(각운동량 보존법칙에 기인하는)에 관한 정성적인 지식을 이해하고 있었고 그 지식을 대기대순환 모델에 적용하였다.

페렐의 대기대순환 모델

해들리가 위도 30도 부근에서 적도를 향해 부는 북동풍을 설명하려고 제안한 단일 세포 대기대순환 모델은 위도 30도에서 60도 사이의 중위도 해상에서는 서풍(남서풍) 계열의 바람이 잘 관측된다는 사실을 설명할 수가 없었다. 해들리는 대기대순환이 적도에서 상승한 공기가 극지방에서 하강하여 지상을 따라 적도로 내려오는 방식으로 이뤄진다고 생각했다. 따라서 해들리의 대기대순환 모델에 따르면 중위도 지역에서도 북동풍이 관측되어야 하는데, 실제는 그렇지 않다는 사실이 밝혀졌다.

이 문제를 해결하기 위하여 제안된 대기대순환 모델이 1865년에 미국의 기상학자 페렐(W. Ferrel, 1817~1891)이 제안한 '3세포 대기대순환 모델'(3-Cell model)이다. 이 3세포 모델은 북반구와 남반구의 대기대순환을 세 개의 순환 세포들로 나누었다. 적도와 아열대 지방 사이에서 순환하는 세포는 해들리가 생각했던 바와 같이 적도상에서 가열된 공기가 상승하면서 발달·유지되는 열적 순환이므로 해들리 세포(Hadley cell), 극지방에서 지표면의 냉각으로 하강한 공기가 남쪽으로 내려오다가 위도 60도 부근에서 상승하여 다시 극지방으로 돌아가는 순환을 극세포(polar cell)이라고 부른다. 해들리 세포와 극세포는 각각 지표면의 가열과 냉각이 대기 순환 세포의 유지에 직접적인 에너지원이 되는 직접 세포라고 부른다.

반면에 중위도(30~60도 사이)에 존재하는 순환 세포인 페렐 세포(Ferrel cell)는 열적 순환이 아니고, 이웃하는 두 세포(극세포와 해들리 세포)의 순환에 의해 생성된 간접 순환이다. 서로 접해 있는 세 개의 둥근 통나무를 상상해 보자. 만일 바깥쪽에 있는 두 개의 통나무가 같은 방향으로 회전한다면 가운데 통나무는 그 두 통나무를 따라서 회전하게 될 것이다. 페렐 세포는 마치 가운데의 통나무처럼 바깥의 두 순환 세포에 의해 만들어진 대기 순환 세포인 셈이다. 앞에서 살펴본 편서풍 파동이 페렐 세포에 해당한다.

고교 지구과학 교과서에 소개되어 있는 3세포 대기대순환 모델은 해양이 일정한 수심으로만 이루어져 있고 태양이 적도 상공에 있는(춘·추분) 경우에만 생길 수 있다. 그러나 실제 지구는 대륙과 해양의 분포가 불균등하고 태양의 고도도 연중 변하기 때문에 3세포의 세력(규모와 강도)은 항상 변한다. 우리나라 주변의 사례를 본다면, 겨울철에는 북반구 고위도의 지표 냉각이 탁월하기 때문에 극세포의 세력이 강해진다. 따라서 겨울철엔 극세포에 속하는 시베리아고기압이 우리나라는 물론이고 훨씬 남쪽의 바다에까지 확장된다(해들리 세포는 훨씬 남쪽으로 수축된다). 여름엔 해들리 세포에 속하는 북태평양고기압 세력이 북한 너머 더 북쪽에까지 확장된

페렐(W. Ferrel, 1817~1891).
'3세포 대기대순환 모델'을 제안했다.

다(극세포는 사실상 사라진다). 이처럼 계절에 따라서 극세포와 해들리 세포는 교과서에 제시된 범위를 훨씬 벗어나 팽창하기도 하고 거의 사라지기도 한다.

페렐 세포는 이 극세포와 해들리 세포의 완충지대에서 남북 방향으로 사행하는 모양으로 존재한다. 편서풍 파동은 이 페렐 세포에 속한다. 페렐 세포대에서 남북 방향으로 온도 차이가 가장 크고 이 온도 차가 상공으로 갈수록 서풍을 강화하는데, 풍속이 일정 수준 이상인 바람을 제트기류라고 부른다.

온도풍 관계
— 기온 공간 분포와 바람의 연계

풍향으로 기압 분포를 파악하는 방법

사람들이 경험적으로 알아 온 바람이 부는 원리를 처음 기압과 풍향의 관계로 정리한 것이 1857년의 바위스 발롯 법칙(Buys Ballot's law)이다. 대기권에서 수평 방향으로 부는 바람과 기압 분포 사이의 관계를 정리한 법칙인데, 사람이 바람을 등지고 선다면 북반구에서는 그의 왼편 기압이 오른편의 압력보다 약하다는 것이다. 즉, 북반구에서 바람을 등지면 저기압의 중심은 좌측 전방에 있다는 뜻이다.

이 법칙은 지표면 부근의 마찰 효과를 포함한 설명이다. 지상에 저기압이 있으면 바람은 등압선에 평행하게 부는 것이 아니라 등압선을 가로질러 저기압의 중심 부근으로 모여든다. 이렇게 모여든 공기는 상승하는데, 상승한 공기는 팽창하여 온도가 낮아져서 수증기가 응결한다. 즉 구름이 만들어지고 비가 내린다.

지상의 자료로 상층 바람을 파악하는 방법

산비탈이나 산 정상과 같이 지형이 다른 경우뿐 아니라 평탄한 곳에서도 고도에 따라 바람이 달라지는 경우가 종종 발생한다. 이러한 사실은 지상에서 구름의 이동 방향을 관찰해 보면 쉽게 알 수 있다.

관측 기기를 상공으로 올려서 바람을 관측하지 않아도 지상의 바람과 기온의 공간 분포를 알면 상공 바람을 추정할 수 있는 이론이 '온도풍 관계'이고, 수식으로 정리한 것이 '온도풍 방정식'이다. 이것은 대학교 대기과학과 학생들이 배우는 내용이지만 고도에 따른 기압 변화 원리만 알면 이해할 수 있다.

지금 지상에서 서풍이 탁월한데 상공에서 구름은 북쪽으로 이동하고 있다고 가정해 보자. 지상에서 서풍이라면 지상기압의 등압선은 남북 방향으로 분포한다. 한편 상공에서 구름이 북쪽으로 이동한다면 남풍이므로 구름이 있는 고도의 기압은 서쪽이 저기압이다. 이렇게 동서 방향으로 기압차가 발생하는 원인은 동서 방향으로 기온이 다르게 분포했기 때문이다.

중학교 과학 교과서에서 다루는 보일-샤를의 법칙으로부터 기압이 높은 동쪽이 고온이고 기압이 낮은 서쪽이 저온이라는 것을 알 수 있다(기압과 기온이 비례). 이런 온도의 분포하에서 고도 증가에 따른 기압 감소는 서쪽이 동쪽보다 크다. 저온의 공기 밀도가 더 크고, 공기 밀도가 클수록 고도에 따른 기압 감소량이 더 크기 때문이다. 따라서 상공으로 갈수록 서쪽의 저기압, 동쪽의 고기압이 강화되므로, 바람은 고기압이 우측에 오는 남풍이 되어야 한다. 이 관계를 '온도풍 관계'라고 한다.

온도풍이란?

이 상황, 즉 지상에서는 서풍이 불고 기온은 서쪽이 낮다면 저온의 공기가 서풍을 통해 이동하는 것이다. 따라서 시간이 지나면 기온이 내려갈 것으로 예측할 수 있다. 이런 방식으로 기온의 변화를 예보할 수 있다.

이 경우에 지상에서 상공까지 위로 올라가면서 바람을 관측해 보면 고도가 높아짐에 따라서 풍향이 반시계 방향으로 변한다. 이렇게 하층에서 상층으로 갈수록 풍향이 점차 반시계 방향으로 변하는 특성이 있을 때에 '한랭 이류'가 발생한다고 말한다. 이와 반대로 하층에서 상층으로의 방향 변화가 시계 방향일 경우에는 '온난 이류'가 발생한다고 말한다. 예보관들은 연직 방향으로 바람이 어떻게 다르게 나타나는가를 보고 기온이 올라갈 것인지, 혹은 내려갈 것인지를 판단할 수 있다.

이처럼 공간적으로 기온차가 있을 경우에 그에 따른 기압차에 상응하여 고도가 높아짐에 따라서 풍속과 풍향이 변한 크기(상층 바람과 하층 바람의 차이)를 '온도풍'(thermal wind)이라고 한다.

이 용어는 오해를 불러오기 쉬워서 주의를 요한다. 온도풍이란 바람이 고도에 따라서 변하는 것을 말하는 것이고 어느 고도에서 관측된 바람 자체를 말하는 것이 아니다. 온도풍이라고 하는 실제 바람이 존재하는 것이 아니라 상층 바람과 하층 바람의 차이를 일컫는다는 말이다. 어디까지나 기온·기압의 공간 분포 특성에 대응하는 지균풍의 3차원 구조를 기술한 것이다.

하층 대기의 기온과 바람의 공간 분포를 파악하고, 하층 바람에 기온의 공간 분포로부터 계산해 낼 수 있는 온도풍을 더하면 상층 바람이 된다. 따라서 상하층 간의 풍향 변화와 기온의 공간 분포 간의 관계(온도풍 관계)를 이해한다면 상공까지 포함한 대규모 대기 장의 바람 구조를 파악할 수 있게 된다.

2020년 여름의 상층 대기

2020년의 여름은 기후변화 시대에 좀체 기대하기 어려울 정도로 저온이었다. 오호츠크해 부근에 생성된 고기압(오호츠크해 고기압)에서 저온의 공기가 남쪽으로 확장되었고, 여름 기후를 지배하는 북태평양고기압의 세력은 약했다. 그래서 북태평양고기압의 북쪽 가장자리에 발달하는 장마전선이, 평년이었다면 장마가 끝날 7월 중순까지도 우리나라로 북상하지 못했을 정도였다. 그런데 우리나라 서쪽에 위치한 중국 내륙 쪽에선 뜨거운 지표에 공기가 가열되어 열적 저기압이 크게 발달하였다. 그 결과 우리나라의 서쪽이 고온, 동쪽이 저온인 조건이 만들어졌다.

이럴 경우에 상층 대기는 어떻게 놓였을까? 상층으로 갈수록 서쪽은 고기압, 동쪽은 저기압이었을 것으로 추정할 수 있다. 그렇다면 상층 대기는 고기압을 우측으로 두고 부는 바람, 즉 북풍이 발달할 수 있는 조건이 된다. 실제로 2020년 여름철 상층일기도를 살펴보면 북쪽의 찬 공기가 남쪽으로 불어서 장마전선을 일본 열도 쪽으로 밀어내는 상황이 이어졌다.

지구온난화가 바람 변화에 미치는 영향

중위도 지역의 대류권 상층에는 계절에 관계없이 강한 풍속을 갖는 제트기류(편서풍)가 탁월하다. 지상풍은 이동성 고·저기압의 움직임에 따라서 기압, 기온 모두 시시각각 변하지만 상층에는 항상 편서풍이 부는 것은 대류권 중상층부에서는 저위도가 고온, 고위도가 저온이라는 기온의 남북차(곧 기압의 남북 차)로 인하여 만들어진 온도풍이기 때문이다(온도풍은 상층으로 갈수록 바람을 등지고 섰을 때에 우측에 고온이 오게 된다). 온도풍 관계는 3차원 바람 구조를 알면 기온의 공간 분포를 짐작할 수 있고, 거꾸로 기온의 공간 분포를 안다면 바람의 공간 분포가 어떻게 되어 있을지 추정할 수 있게 해준다.

오늘날 기후변화에 따른 지구상의 기온 상승은 저위도보다 고위도 쪽이 훨씬 높다. 즉 고·저위도 사이의 기온차가 줄어들고 있다. 이렇게 되면 상공으로 갈수록 서쪽 바람을 강하게 만드는 온도풍이 약화된다는 것을 쉽게 추정할 수 있다. 고·저위도 간에 온도 차이가 줄어들면 기압 차이도 줄어든다. 실제로 우리나라 상공의 바람도 약화되고 있는데, 이것은 미세먼지의 정체가 더 심해지는 원인이 된다. 또 상층 바람이 약해져서 하층과 상층 바람 간의 차이가 줄어들수록 태풍이 더 강해지고 이동속도도 느려져서 피해가 더욱 커진다. 특히 우리나라가 위치한 동아시아 중위도 지역에서 상층 바람의 약화가 큰 것으로 파악된다. 그래서 이 지역에 태풍의 강도와 내습의 빈도가 높아지고 그로 인한 피해가 급증할 것이라는 우려가 높다.

내일 날씨, 어떻습니까?

기상학자가 들려주는 과학과 세상 이야기

초판 1쇄 발행 2021년 7월 12일
초판 2쇄 발행 2025년 2월 17일

지은이 김해동
펴낸이 오은지
편집 변홍철·변우빈
표지 디자인 박대성
펴낸곳 도서출판 한티재 | 등록 2010년 4월 12일 제2010-000010호
주소 42087 대구시 수성구 달구벌대로 492길 15
전화 053-743-8368 | 팩스 053-743-8367
전자우편 hantibooks@gmail.com | 블로그 blog.naver.com/hanti_books
한티재 온라인 책창고 hantijae-bookstore.com

ISBN 979-11-90178-60-0 04450
ISBN 978-89-97090-73-0 (세트)

책값은 뒤표지에 있습니다.